佟国香　郝润科　主编

D

anPianJi YingYong Yu
Dianzi Sheji Jingsai Shixun

单片机应用与
电子设计竞赛实训

（第二版）

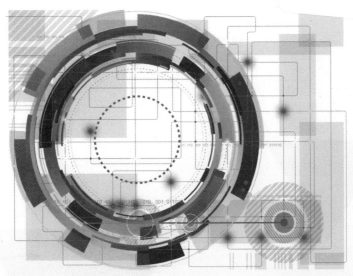

经济管理出版社
ECONOMY & MANAGEMENT PUBLISHING HOUSE

图书在版编目（CIP）数据

单片机应用与电子设计竞赛实训/佟国香，郝润科主编．—2 版．—北京：经济管理出版社，2017.2
ISBN 978 - 7 - 5096 - 4976 - 3

Ⅰ.①单…　Ⅱ.①佟…②郝…　Ⅲ.①单片微型计算机②电子电路—电路设计　Ⅳ.①TP368.1②TN702

中国版本图书馆 CIP 数据核字（2017）第 014342 号

出版发行：经济管理出版社

北京市海淀区北蜂窝 8 号中雅大厦 11 层

电话：(010) 51915602　邮编：100038

印刷：玉田县昊达印刷有限公司　　　　　　　　　经销：新华书店

组稿编辑：杜 菲　　　　　　　　　　责任编辑：杜 菲 刘 波
责任印制：黄 铄　　　　　　　　　　责任校对：郭 佳

787mm×1092mm/16　　　　　　　　　15.25 印张　　352 千字
2017 年 2 月第 1 版　　　　　　　　　2017 年 2 月第 1 次印刷

定价：68.00 元

书号：ISBN 978 - 7 - 5096 - 4976 - 3

目 录

第1章 基础部分 ……………………………………………………………… 1

1.1 电阻 ………………………………………………………………………… 1

1.1.1 电阻器参数的识别 …………………………………………… 1

1.1.2 电阻器的种类 ………………………………………………… 4

1.1.3 电阻器的检测 ………………………………………………… 5

1.2 电容 ………………………………………………………………………… 7

1.2.1 电容参数的识别 ……………………………………………… 7

1.2.2 电容的种类 …………………………………………………… 8

1.2.3 电容的检测 …………………………………………………… 9

1.3 电感 ………………………………………………………………………… 10

1.3.1 电感参数的识别 ……………………………………………… 10

1.3.2 常用电感的种类 ……………………………………………… 11

1.3.3 电感的检测 …………………………………………………… 12

1.4 二极管 ……………………………………………………………………… 12

1.4.1 二极管参数的识别 …………………………………………… 12

1.4.2 二极管的种类 ………………………………………………… 13

1.4.3 二极管的检测 ………………………………………………… 14

1.5 三极管 ……………………………………………………………………… 15

1.5.1 三极管的参数识别 …………………………………………… 16

1.5.2 三极管的种类 ………………………………………………… 16

1.5.3 三极管的检测 ………………………………………………… 17

1.6 逻辑电路 …………………………………………………………………… 17

1.6.1 基本逻辑电路 ………………………………………………… 18

1.6.2 存储电路 ……………………………………………………… 22

1.6.3 寄存器 ………………………………………………………… 23

1.6.4 计数器 ………………………………………………………… 24

1.6.5 锁存器 ………………………………………………………… 24

第2章 单片机基础 ……………………………………………… 26

2.1 单片机的寄存器 ………………………………………… 26

2.2 单片机的存储装置 ……………………………………… 27

2.3 单片机的指令 …………………………………………… 28

2.4 单片机的端口 …………………………………………… 28

　　2.4.1 控制 I/O 端口的功能寄存器 ………………………… 29

　　2.4.2 端口的输入控制 …………………………………… 30

　　2.4.3 端口的输出控制 …………………………………… 30

2.5 单片机的定时器 ………………………………………… 31

　　2.5.1 定时器的类型 ……………………………………… 31

　　2.5.2 8 位定时器/事件计数器 50 ………………………… 32

2.6 单片机内部的 A/D 转换器 ……………………………… 34

　　2.6.1 A/D 转换器的操作 ………………………………… 35

　　2.6.2 A/D 转换器的应用 ………………………………… 36

　　2.6.3 使用开发工具进行系统开发 ……………………… 41

2.7 单片机内部的串行接口 ………………………………… 48

　　2.7.1 异步串行通讯接口 ………………………………… 49

　　2.7.2 3 线串行通讯接口 ………………………………… 53

2.8 中断 ……………………………………………………… 54

2.9 选项字节 ………………………………………………… 59

第3章 实验环境 ………………………………………………… 61

3.1 教学板硬件概述 ………………………………………… 61

　　3.1.1 教学板及附件 ……………………………………… 61

　　3.1.2 NEC AF/SP－1 编程器的连接 …………………… 62

　　3.1.3 NEC NTC MINICUBE 78K0 的连接 ……………… 62

　　3.1.4 教学板配置图 ……………………………………… 63

3.2 系统结构框图 …………………………………………… 64

3.3 存储器映射图 …………………………………………… 65

　　3.3.1 存储器组 …………………………………………… 65

　　3.3.2 存储器映射 ………………………………………… 65

3.4 I/O 映射 ………………………………………………… 66

第4章 系统开发环境介绍 …………………………………… 68

4.1 开发环境概述 ……………………………………………… 68
4.1.1 软件包 …………………………………………………… 69
4.1.2 语言处理软件 …………………………………………… 70
4.1.3 Flash 存储器写入工具 ………………………………… 70
4.1.4 调试工具（硬件）……………………………………… 71
4.1.5 调试工具（软件）……………………………………… 71
4.2 可以自动生成代码的系统配置功能——Applilet ………… 71
4.2.1 Applilet 的简述 ………………………………………… 71
4.2.2 Applilet 的操作 ………………………………………… 71
4.2.3 加载到 PM Plus …………………………………………… 77
4.3 PM Plus 的操作 ……………………………………………… 78
4.4 QB – 78K0MINI 仿真器的使用 …………………………… 82
4.4.1 界面介绍 ………………………………………………… 82
4.4.2 使用 QB – 78K0MINI 仿真器 ………………………… 83
4.4.3 在 ID78K0 – QB for MINICUBE 中调试 …………… 85
4.4.4 高级调试功能 …………………………………………… 94
4.5 系统仿真器 SM + for 78K0/Kx2 的使用 ………………… 98
4.5.1 加载 SM + for 78K0/Kx2 ……………………………… 98
4.5.2 运行程序 ………………………………………………… 99
4.5.3 使用系统仿真器 SM + for 78K0/Kx2 进行调试 ……… 100

第5章 实验项目 ………………………………………………… 101

5.1 KEY & LED 控制 …………………………………………… 101
5.1.1 实验目的 ………………………………………………… 101
5.1.2 实验内容 ………………………………………………… 101
5.1.3 预备知识 ………………………………………………… 101
5.1.4 实验原理 ………………………………………………… 101
5.1.5 实验方法 ………………………………………………… 105
5.2 点阵式 LCD 的控制 ………………………………………… 116
5.2.1 实验目的 ………………………………………………… 116
5.2.2 实验内容 ………………………………………………… 116
5.2.3 预备知识 ………………………………………………… 116
5.2.4 实验原理 ………………………………………………… 117
5.2.5 实验方法 ………………………………………………… 122

5.3　串行口控制 ……………………………………………………… 135

　　5.3.1　实验目的 ………………………………………………… 135

　　5.3.2　实验内容 ………………………………………………… 135

　　5.3.3　预备知识 ………………………………………………… 136

　　5.3.4　实验原理 ………………………………………………… 136

　　5.3.5　实验方法 ………………………………………………… 139

5.4　直流电机控制 ………………………………………………… 146

　　5.4.1　实验目的 ………………………………………………… 146

　　5.4.2　实验内容 ………………………………………………… 146

　　5.4.3　预备知识 ………………………………………………… 146

　　5.4.4　实验原理 ………………………………………………… 146

　　5.4.5　实验方法 ………………………………………………… 151

5.5　步进电机控制 ………………………………………………… 155

　　5.5.1　实验目的 ………………………………………………… 155

　　5.5.2　实验内容 ………………………………………………… 156

　　5.5.3　预备知识 ………………………………………………… 156

　　5.5.4　实验原理 ………………………………………………… 156

　　5.5.5　实验方法 ………………………………………………… 158

5.6　音乐键＋喇叭控制 …………………………………………… 162

　　5.6.1　实验目的 ………………………………………………… 162

　　5.6.2　实验内容 ………………………………………………… 163

　　5.6.3　预备知识 ………………………………………………… 163

　　5.6.4　实验原理 ………………………………………………… 163

　　5.6.5　实验方法 ………………………………………………… 166

5.7　EEPROM 控制 ………………………………………………… 176

　　5.7.1　实验目的 ………………………………………………… 176

　　5.7.2　实验内容 ………………………………………………… 176

　　5.7.3　预备知识 ………………………………………………… 176

　　5.7.4　实验原理 ………………………………………………… 176

　　5.7.5　实验方法 ………………………………………………… 182

5.8　温度、压力传感器控制 ……………………………………… 194

　　5.8.1　实验目的 ………………………………………………… 194

　　5.8.2　实验内容 ………………………………………………… 194

　　5.8.3　预备知识 ………………………………………………… 194

　　5.8.4　实验原理 ………………………………………………… 195

　　5.8.5　实验方法 ………………………………………………… 201

5.9　综合实验 ……………………………………………………… 209

　　5.9.1　实验目的 ………………………………………………… 209

5.9.2　实验内容 ………………………………………………… 209

5.9.3　实验环境 ………………………………………………… 209

5.9.4　实验原理 ………………………………………………… 209

5.9.5　实验方法 ………………………………………………… 212

第6章　电子制作 ……………………………………………… 220

6.1　电路构成 …………………………………………………… 220

6.2　闪存编程器的制作 ………………………………………… 221

6.3　编程器的应用 ……………………………………………… 225

6.4　程序开发 …………………………………………………… 228

6.4.1　开发工具的准备 ………………………………………… 228

6.4.2　编程 ……………………………………………………… 228

第1章　基础部分

1.1　电阻

电路中对电流通过有阻碍作用并且造成能量消耗的部分叫做电阻。电阻常用 R 表示。电阻的单位是欧姆（Ω），也常用千欧（kΩ）或者兆欧（MΩ）做单位。$1kΩ = 1000Ω$，$1MΩ = 1000000Ω$。直插电阻器在安装前，应将引线刮光镀锡，以保证焊接可靠以及防止噪声的增加。在高频电路中，为了减少分布参数的影响，电阻器的引线不宜过长，小型电阻器的引线不应剪得过短，一般大于等于5mm。焊接时，应用尖嘴钳或镊子夹住引线根部，以防热量传入电阻内部，使电阻值发生改变。安装、拆卸时也不可过分用力。额定功率10W以上的线绕电阻器，安装时必须水平接在特制的支架上，同时周围应留出一定的散热空间，以利于热量的散发。

1.1.1　电阻器参数的识别

电阻器的标称阻值和允许偏差要标注在电阻器上，用于识别。电阻器的参数表示方法有直标法、文字符号法、数码法和色标法四种。

1. 直标法

直标法是一种常见的标注方法，也是一种最方便的方法。特别是在体积较大（功率大）的电阻器上采用。将该电阻器的标称阻值和允许偏差、型号、功率等参数直接标在电阻器表面，如图1-1所示。

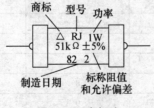

图1-1　直标法

2. 文字符号法

和直标法相同，也是直接将有关参数印在电阻器表面。如将5.7kΩ标注在电阻器上时标注成 5k7，其中 k 既作单位，又作小数点。文字符号法中，通常用字母表示偏差，如图 1-2（a）所示。此电阻器的阻值为 100kΩ，偏差为 ±1%。图 1-2（b）所示为碳膜电阻，阻值为 1.8kΩ，偏差为 ±20%，用级别符号 Ⅱ 表示偏差。

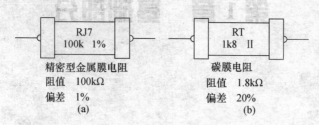

精密型金属膜电阻　　　　　　碳膜电阻
阻值　100kΩ　　　　　　　　阻值　1.8kΩ
偏差　1%　　　　　　　　　　偏差　20%
（a）　　　　　　　　　　　　（b）

图 1-2　文字符号法

3. 数码法

在电阻器上用三位数码表示标称值的标志方法。数码从左到右，第一、第二位为有效值，第三位为指数，即零的个数，单位为欧。偏差通常采用文字符号表示。

如贴片电阻上面白字如 104、472、330 等，数值的前两位是有效数，第三位是倍数。

104　有效数是 10，4 是倍数，它的阻值是 $10\Omega \times 10^4 = 100k\Omega$

472　有效数是 47，2 是倍数，它的阻值是 $47\Omega \times 10^2 = 4.7k\Omega$

330　有效数是 33，0 是倍数，它的阻值是 $33\Omega \times 10^0 = 33\Omega$

4. 色标法

用不同颜色表示元件的不同参数。在电阻器上，不同的颜色代表不同的标称阻值和偏差。色标法可以分为：色环法和色点法，最常用的是色环法。色标法中颜色和参数的关系如表 1-1 所示。

表 1-1　色标法对照表

颜色	第一位有效值	第二位有效值	乘数	偏差
黑	0	0	10^0	
棕	1	1	10^1	±1%
红	2	2	10^2	±2%
橙	3	3	10^3	
黄	4	4	10^4	
绿	5	5	10^5	
蓝	6	6	10^6	
紫	7	7	10^7	
灰	8	8	10^8	
白	9	9	10^9	
金			10^{-1}	±5%
银			10^{-2}	
无色				±20%

色环电阻器中，根据色环的环数多少，分为四色环表示法和五色环表示法。如图 1-3（a）是用四色环表示标称阻值和允许偏差，其中前三条色环表示此电阻的标称阻值，最后一条表示它的偏差。如图 1-3（b）中色环颜色依次为：黄、紫、橙、金，则此电阻器标称阻值为：$47 \times 10^3 \Omega = 47k\Omega$，偏差 $\pm 5\%$。如图 1-3（c）电阻器的色环颜色依次为：蓝、灰、金、无色（即只有三条色环），则电阻器标称阻值为：$68 \times 10^{-1}\Omega = 6.8\Omega \pm 20\%$。

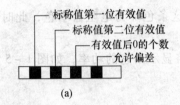

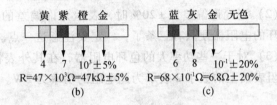

图 1-3　色标法——四色环表示法

　　五色环表示法如图 1-4（a）所示，精密电阻器是用五条色环表示标称阻值和允许偏差的，通常五色环电阻识别方法与四色环电阻一样，只是比四色环电阻器多一位有效数字。图 1-4（b）中电阻器的色环颜色依次为：棕、紫、绿、银、棕，其标称阻值为：$175 \times 10^{-2}\Omega = 1.75\Omega$，偏差为 $\pm 1\%$。

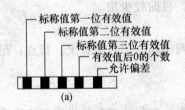

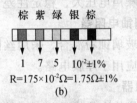

图 1-4　色标法——五色环表示法

　　判断色环电阻的第一条色环的方法：

　　（1）对于未安装的电阻，可以使用万用表测量电阻器的阻值，再根据所读阻值看色环，读出标称阻值。

　　（2）对于已装配在电路板上的电阻，可用以下方法进行判断：

　　①四色环电阻为普通型电阻器，从标称阻值系列表可知，其只有三种系列，允许偏差为 $\pm 5\%$、$\pm 10\%$、$\pm 20\%$，所对应的色环为：金色、银色、无色。而金色、银色、无色这三种颜色没有有效数字，所以，金色、银色、无色作为四色环电阻器的偏差色环，即为最后一条色环（金色、银色除作偏差色环外，可作为乘数）。

　　②五色环电阻器为精密型电阻器，一般常用棕色或红色作为偏差色环。

　　③第一条色环比较靠近电阻器一端引脚。

　　④表示电阻器标称阻值的那四条色环之间的间隔距离一般为等距离，而表示偏差的色环（即最后一条色环）一般与第四条色环的间隔比较大，以此判断哪一条为最后一条色环。如图 1-5 所示。

图 1 - 5　第一条色环的判定和功率的标定

识别色环电阻器时的注意事项：

（1）色环表中的标称阻值单位为 Ω（欧姆）。

（2）当允许偏差为 ±20% 时，表示允许偏差的这条色环为电阻器本色，此时，四条色环的电阻器便只有三条了，一定要注意这一点。

（3）对于一些功率大的色环电阻器，在其外表将显示出它的功率，如图 1 - 5 中色环电阻表面上的数字 2 表示为此电阻的功率为 2W。

1.1.2　电阻器的种类

常用电阻器的种类有：实芯碳质电阻器、金属玻璃铀电阻器、绕线电阻器、薄膜电阻器、贴片电阻、电位器、敏感电阻器等。

1. 实芯碳质电阻器

用碳质颗粒状导电物质、填料和黏合剂混合制成一个实体的电阻器。特点：价格低廉，阻值误差、噪声电压大，稳定性差，目前较少用。

2. 金属玻璃铀电阻器

将金属粉和玻璃铀粉混合，采用丝网印刷法印在基板上。特点：耐潮湿和高温，温度系数小，主要应用于厚膜电路。

3. 绕线电阻器

用高阻合金线绕在绝缘骨架上，外面涂有耐热的釉绝缘层或绝缘漆。绕线电阻具有较低的温度系数，阻值精度高，稳定性好，耐热耐腐蚀，主要做精密大功率电阻使用，缺点是高频性能差，时间常数大。

4. 薄膜电阻器

用蒸发的方法将具有一定电阻率的材料蒸镀在绝缘材料表面制成。主要有：

（1）碳膜电阻器：成本低、性能稳定、阻值范围宽、温度系数和电压系数低，是目前应用最广泛的电阻器。

（2）金属膜电阻器：比碳膜电阻的精度高，稳定性好，噪声和温度系数小。主要应用于仪器仪表及通讯设备。

（3）金属氧化膜电阻器：高温下稳定，耐热冲击，负载能力强。

（4）合成膜电阻器也叫漆膜电阻器：特点是噪声大，精度低，主要用于制造高压、高阻、小型电阻器。

5. 贴片电阻

片状电阻是金属玻璃铀电阻的一种，电阻体是高可靠的钌系列玻璃铀材料经过高温烧结而成，电极采用钯银合金浆料。特点：体积小，精度高，稳定性好，高频性能好。

6. 电位器

是一种机电元件，靠电刷在电阻体上的滑动，取得与电刷位移成一定关系的输出电压。安装工艺分类主要有：

（1）合成碳膜电位器：分辨力高、耐磨性好、寿命较长。缺点是电流噪声、非线性大，耐潮性以及阻值稳定性差。是目前广泛应用的电位器。

（2）有机实心电位器：与碳膜电位器相比具有耐热性好、功率大、可靠性高、耐磨性好的优点。但温度系数大、动噪声大、耐潮性差、制造工艺复杂、阻值精度较差。主要应用于小型化、高可靠、高耐磨性的电子设备以及交、直流电路中。

（3）金属玻璃釉电位器：阻值范围宽、耐热性好、过载能力强、耐潮、耐磨等，缺点是接触电阻和电流噪声大。

（4）线绕电位器：接触电阻小、精度高、温度系数小，缺点是分辨力差、阻值偏低、高频特性差。主要用作分压器、变阻器、仪器中调零和工作点等。

（5）金属膜电位器：特点是耐高温、分辨力好、温度系数小、高频性能好，缺点是阻值范围窄、接触电阻大、耐磨性差。

（6）导电塑料电位器：特点是平滑性好、分辨力优异、耐磨性好、寿命长、动噪声小、可靠性极高、耐化学腐蚀。用于宇宙装置、导弹、飞机雷达天线的伺服系统等。

按照电位器的结构，又可以分为：

（1）带开关的电位器：有旋转式开关电位器、推拉式开关电位器、推推式开关电位器。

（2）预调式电位器：预调式电位器在电路中，一旦调试好，用蜡封住调节位置，在一般情况下不再调节。

（3）直滑式电位器：采用直滑方式改变电阻值。

（4）双连电位器：有异轴双连电位器和同轴双连电位器。

（5）无触点电位器：无触点电位器消除了机械接触，寿命长、可靠性高，分光电式电位器、磁敏式电位器等。

7. 敏感电阻器

敏感电阻是指器件特性对温度、电压、湿度、光照、气体、磁场、压力等作用敏感的电阻器。敏感电阻的符号是在普通电阻的符号中加一斜线，并在旁标注敏感电阻的类型，如 t. v 等。如热敏电阻、压敏电阻、湿敏电阻、光敏电阻、气敏电阻、力敏电阻等。

1.1.3 电阻器的检测

在一般的电子设计中可以使用万用表来检测电阻的阻值。在检测前需要检查万用表是否需要更换电池，将档位旋钮依次置于电阻档 R×1 档和 R×10k 档，然后将红、黑测试笔短接。旋转调零电位器，观察指针是否指向零。如指针不能回零，则更换万用表的电池。测量时需选择合适的电阻档位，按万用表使用方法规定，万用表指针应在刻度的中心部分读数才较准确。测量时电阻器的阻值是万用表上刻度的数值与倍率的乘积。

如测量一电阻器，所选倍率为 R×1，刻度数值为 9.4，该电阻器电阻值为 R = 9.4 × 1 = 9.4Ω。另外，在测量电阻之前还必须进行电阻档调零，其方法与检查电池方法相同。下面是常用电阻的参考检测方法。

1. 固定电阻的检测

将两表笔分别与电阻的两端引脚相接触即可测出实际电阻值。测量时使指针指示值尽可能落到刻度的中段位置，即全刻度起始的 20% ~ 80% 弧度范围内，以使测量更准确。根据电阻误差等级不同，读数与标称阻值之间分别允许有 ±5%、±10% 或 ±20% 的误差。如不相符，超出误差范围，则说明该电阻值变值了。

2. 熔断电阻的检测

在电路中，当熔断电阻器熔断开路后，可根据经验判断：熔断电阻器表面发黑或烧焦，可断定是其负荷过重；如果其表面无任何痕迹而开路，则表明流过的电流刚好等于或稍大于其额定熔断值。此时可使用万用表 R×1 挡来测量。若测得的阻值为无穷大，则说明此熔断电阻器已失效开路，若测得的阻值与标称阻值相差甚远，表明电阻变值，也不宜再使用。

3. 电位器的检测

检查电位器时，首先要转动旋柄，看看旋柄转动是否平滑，开关是否灵活，开关通、断时"喀哒"声是否清脆，并听一听电位器内部接触点和电阻体摩擦的声音，如有"沙沙"声，说明质量不好。用万用表测试时，先根据被测电位器阻值的大小，选择好万用表的合适电阻挡位，然后可按下述方法进行检测：

（1）用万用表的欧姆档测"1"、"2"两端，其读数应为电位器的标称阻值，如万用表的指针不动或阻值相差很多，则表明该电位器已损坏。

（2）检测电位器的活动臂与电阻片的接触是否良好。用万用表的欧姆档测"1"、"2"（或"2"、"3"）两端，将电位器的转轴按逆时针方向旋至接近"关"的位置，这时电阻值越小越好。再顺时针慢慢旋转轴柄，电阻值应逐渐增大，表头中的指针应平稳移动。当轴柄旋至极端位置"3"时，阻值应接近电位器的标称阻值。如万用表的指针在电位器的轴柄转动过程中有跳动现象，说明活动触点有接触不良的故障。

4. 热敏电阻的检测

检测时，用万用表 R×1 档，常温下将两表笔接触热敏电阻的两引脚测出其实际阻值，并与标称阻值相对比，二者相差在 ±2Ω 内即为正常。实际阻值若与标称阻值相差过大，则说明其性能不良或已损坏。

5. 压敏电阻的检测

用万用表的 R×1k 档测量压敏电阻两引脚之间的正、反向绝缘电阻，均为无穷大，否则，说明漏电流大。若所测电阻很小，说明压敏电阻已损坏，不能使用。

6. 光敏电阻的检测

（1）用一黑纸片将光敏电阻的透光窗口遮住，此时万用表的指针基本保持不动，阻值接近无穷大。此值越大说明光敏电阻性能越好。若此值很小或接近为零，说明光敏电阻已烧穿损坏，不能再继续使用。

（2）将一光源对准光敏电阻的透光窗口，此时万用表的指针应有较大幅度的摆动，阻值明显减小，此值越小说明光敏电阻性能越好。若此值很大甚至无穷大，表明光敏电阻内部开路损坏，也不能再继续使用。

（3）将光敏电阻透光窗口对准入射光线，用小黑纸片在光敏电阻的遮光窗上部晃动，使其间断受光，此时万用表指针应随黑纸片的晃动而左右摆动。如果万用表指针始终停在某一位置不随纸片晃动而摆动，说明光敏电阻的光敏材料已经损坏。

1.2　电容

电容是衡量导体储存电荷能力的物理量。在两个相互绝缘的导体上，加上一定的电压，它们就会储存一定的电量。其中一个导体储存着正电荷，另一个导体储存着大小相等的负电荷。加上的电压越大，储存的电量就越多。储存的电量和加上的电压是成正比的，它们的比值叫做电容。如果电压用 U 表示，电量用 Q 表示，电容用 C 表示，则 $C = Q/U$。电容的单位是法（F），也常用微法（μF）或者皮法（pF）做单位。$1F = 10^6 \mu F$，$1F = 10^{12} pF$。

1.2.1　电容参数的识别

电容的识别方法与电阻的识别方法基本相同，有直标法、数标法和色标法。

1. 字母数字混合标法

这种方法是国际电工委员会推荐的表示方法。

具体内容是：用 2~4 位数字和一个字母表示标称容量，其中数字表示有效数值，字母表示数值的单位。字母有时既表示单位也表示小数点。如：

$33m = 33 \times 10^3 \mu F = 33000 \mu F$　　　　$47n = 47 \times 10^{-3} \mu F = 0.047 \mu F$　　　$3\mu 3 = 3.3 \mu F$

$5n9 = 5.9 \times 10^3 pF = 5900 pF$　　　　　$2p2 = 2.2 pF$　　　　　　　$\mu 22 = 0.22 \mu F$

2. 不标单位的直接表示法

这种方法是用 1~4 位数字表示，容量单位为 pF。如数字部分大于 1 时，单位为皮法；当数字部分大于 0 小于 1 时，其单位为微法（μF）。如 3300 表示 3300 皮法（pF），680 表示 680 皮法（pF），7 表示 7 皮法（pF），0.056 表示 0.056 微法（μF）。

3. 数码表示法

一般用三位数表示容量的大小，前面两位数字为电容器标称容量的有效数字，第三位数字表示有效数字后面零的个数，它们的单位是 pF。如：

$102 = 10 \times 10^2 pF = 1000 pF$　　　　　　　$221 = 22 \times 10^1 pF = 220 pF$

$224 = 22 \times 10^4 pF = 220000 pF = 0.22 \mu F$　　　$473 = 47 \times 10^3 pF = 47000 pF = 0.047 \mu F$

4. 电容器的色码表示法

色码表示法是用不同的颜色表示不同的数字，其颜色和识别方法与电阻色码表示法一样，单位为 pF。小型电解电容器的耐压也有用色标法的，位置靠近正极引出线的根部，所表示的意义如下所示：

颜色 黑 棕 红 橙 黄 绿 蓝 紫 灰

耐压 4V 6.3V 10V 16V 25V 32V 40V 50V 63V

5. 电容量的误差

电容器容量误差的表示法有两种：一种是将电容量的绝对误差范围直接标注在电容器上，即直接表示法，如 2.2 ± 0.2pF。另一种方法是直接将字母或百分比误差标注在电容器上。字母表示的百分比误差是：D 表示 ±0.5%；F 表示 ±1%；G 表示 ±2%；J 表示 ±5%；K 表示 ±10%；M 表示 ±20%；N 表示 ±30%；P 表示 ±50%。如电容器上标有 334K 则表示 0.33μF，误差为 ±10%；如电容器上标有 103P 表示这个电容器的容量变化范围为 0.01～0.02F，P 不能误认为是单位 pF。

6. 有极性电解电容器的引脚极性的表示方式

（1）采用不同的端头形状来表示引脚的极性，如图 1-6（b）、（c）所示，这种方式往往出现在两根引脚轴向分布的电解电容器中。

（2）标出负极性引脚，如图 1-6（d）所示，在电解电容器的绝缘套上画出像负号的符号，以表示这一引脚为负极性引脚。

（3）采用长短不同的引脚来表示引脚极性，通常长的引脚为正极性引脚，如图 1-6（a）所示。

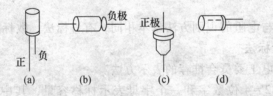

图 1-6 电解电容极性

7. 在电路图中电容器容量单位的标注规则

当电容器的容量大于 100pF 而又小于 1μF 时，一般不标注单位。没有小数点的，其单位是 pF；有小数点的，其单位是 μF。如 4700 就是 4700pF，0.22 就是 0.22μF。

当电容量大于 10000pF 时，可用 μF 为单位；当电容小于 10000pF 时，用 pF 为单位。

1.2.2 电容的种类

电容的种类有很多，可以从原理上分为：无极性可变电容、无极性固定电容、有极性电容等；从材料上可以分为：CBB 电容（聚乙烯）、涤纶电容、瓷片电容、云母电容、独石电容、电解电容、钽电容等。

1. 无感 CBB 电容

由两层聚丙乙烯塑料和两层金属箔交替夹杂然后捆绑而成。无感，高频特性好，体积较小；缺点是不适合做大容量，价格比较高，耐热性能较差。

2. CBB 电容

由两层聚乙烯塑料和两层金属箔交替夹杂然后捆绑而成。有感,其他同无感 CBB 电容。

3. 瓷片电容

薄瓷片两面镀金属膜银而成。体积小,耐压高,价格低,频率高;缺点是易碎,容量低。

4. 云母电容

云母片上镀两层金属薄膜。容易生产,技术含量低;缺点是体积大,容量小。

5. 独石电容

多层陶瓷电容,由陶瓷材料经过电极印制、切割、烧制而成。体积比 CBB 更小,其他同 CBB 有感电容。

6. 电解电容

两片铝带和两层绝缘膜相互层叠,转捆后浸泡在电解液(含酸性的合成溶液)中。容量大,缺点是高频特性不好。

7. 钽电容

用金属钽作为正极,在电解质外喷上金属作为负极。稳定性好,容量大,高频特性好;缺点是价格高。

不同电路应该选用不同种类的电容。谐振回路可以选用云母、高频陶瓷电容,隔直流可以选用纸介、涤纶、云母、电解、陶瓷等电容,滤波可以选用电解电容,旁路可以选用涤纶、纸介、陶瓷、电解等电容。

1.2.3 电容的检测

可以使用万用表的欧姆档检测电容。

1. 固定电容器的检测

检测 10pF 以下的小容量电容时,使用万用表可以定性地检测其是否有漏电、短路和击穿现象。将万用表拨到 R×10k 档(检测 10pF ~ 0.01μF 固定电容时,万用表拨到 R×1k 档),阻值应无限大。如果阻值为 0,则可以判断电容漏电或已经击穿。

2. 电解电容的检测

电解电容的容量较大。一般情况下,1 ~ 47μF 的电容,可以使用电阻档的 R×1k 档,大于 47μF 的电容使用 R×100 档。在检测前,先放掉电容内残余的电荷。当表笔接通时,表针向右偏转一个角度,然后表针缓慢地向左回转,最后停留在一个位置。表针停下来指示的阻值为该电容的漏电电阻,阻值愈大愈好,最好接近无穷大。如果漏电电阻只有几十千欧,说明这一电解电容漏电严重。有的电容器在测漏电电阻时,表针退回到无穷大位置时,又顺时针摆动,这表明电容器漏电更严重。一般要求漏电电阻 R ≥ 500k,否则不能使用。对于电容量小于 5000pF 的电容器,不能使用万用表检测漏电电阻。

1.3 电感

电感是一种电抗器件，是一根导线绕在铁心或者磁心制成，一个空心的线圈也是一个电感。直流可通过线圈，直流电阻就是导线本身的电阻，压降很小。当交流信号通过线圈时，线圈两端将会产生自感电动势，自感电动势的方向与外加电压的方向相反，阻碍交流的通过，所以电感的特性是通直流、阻交流，频率越高，线圈阻抗越大。电感符号为 L。电路中的表示如图 1-7 所示。

空芯线路 可变线路 铁氧体碳芯线路 铁芯线路

图 1-7　电感符号

电感在电路中可与电容组成振荡电路。可以与电容一起，组成 LC 滤波电路。电容具有"阻直流、通交流"的功能，而电感则有"通直流、阻交流"的功能。当伴有干扰信号的直流电通过如下 LC 滤波电路时，交流干扰信号将被电容变成热能消耗掉；变得比较纯净的直流电流通过电感时，其中的交流干扰信号也被变成磁感和热能，特别是高频部分更容易被电感阻抗（见图 1-8）。

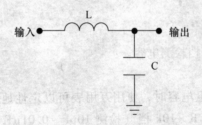

图 1-8　LC 滤波回路

电感线圈也是一个储能元件，它以磁的形式储存电能，储存的电能大小可用公式表示：WL = 1/2 Li2 。可见，线圈电感量越大，流过电流越大，储存的电能也就越多。

1.3.1 电感参数的识别

电感的识别方法一般有直标法、数码表示法和色标法。

1. 直标法

电感量是由数字和单位直接标在外壳上，数字是标称电感量，其单位是 μH 或 mH。

2. 数码表示法

通常采用三位数字和一位字母表示，前两位表示有效数字，第三位表示有效数字乘以 10 的幂次，小数点用 R 表示，最后一位英文字母表示误差范围，单位为 pH，如 220K 表示 22pH，8R2J 表示 8.2pH。

贴片电感的标注方法：小功率电感的代码有 nH 及 pH 两种单位。用 nH 做单位时，用 N 或 R 表示小数点。例如，4N7 表示 4.7nH，4R7 则表示 4.7pH；10N 表示 10nH，而 10pH 则用 100 来表示。大功率电感上有时印有 680K、220K 字样，分别表示 68pH 和 22 pH。

3. 色标法

色标法与电阻类似。如：棕、黑、金、金表示 1μH（误差 5%）的电感。电感的基本单位为：亨（H）。换算单位有：1H = 103mH = 106μH。

1.3.2 常用电感的种类

1. 电感线圈

（1）单层线圈。单层线圈是用绝缘导线一圈挨一圈地绕在纸筒或胶木骨架上。如晶体管收音机中波天线线圈。

（2）蜂房式线圈。所绕制的线圈平面与旋转面相交成一定角度。优点是体积小，分布电容小，而且电感量大。蜂房式线圈都是利用蜂房绕线机来绕制，折点越多，分布电容越小。

（3）铁氧体磁芯和铁粉芯线圈。此类线圈的电感量大小与有无磁芯有关。在空芯线圈中插入铁氧体磁芯，可增加电感量和提高线圈的品质因素。

（4）铜芯线圈。铜芯线圈在超短波范围应用较多，利用旋动铜芯在线圈中的位置来改变电感量，这种调整比较方便、耐用。

（5）色码电感线圈。此类线圈是一种高频电感线圈，在磁芯上绕上一些漆包线后再用环氧树脂或塑料封装而成。工作频率为 10kHz ~ 200MHz，电感量一般在 0.1μH ~ 3300μH。是具有固定电感量的电感器，其电感量标注方法同电阻一样以色环来标记。其单位为 μH。

（6）扼流圈。限制交流电通过的线圈称扼流圈，分高频扼流圈和低频扼流圈。

（7）偏转线圈。偏转线圈是电视机扫描电路输出级的负载。偏转线圈要求：偏转灵敏度高、磁场均匀、Q 值高、体积小、价格低。

2. 贴片电感

小功率贴片电感器有三种结构：绕线贴片电感器、多层贴片电感器、高频贴片电感器。

（1）绕线贴片电感器。它是用漆包线绕在骨架上做成的，根据不同的骨架材料、不同的匝数而有不同的电感量及 Q 值。例如，采用空心或铝骨架的电感器是高频电感器，采用铁氧体的骨架则为中、低频电感器。

（2）多层贴片电感器。它是用磁性材料采用多层生产技术制成的无绕线电感器。

采用铁氧体膏浆及导电膏浆交替层叠并采用烧结工艺形成整体单片结构，有封闭的磁回路，有磁屏蔽作用。特点是：尺寸可做得极小，最小为 $1mm \times 0.5mm \times 0.6mm$；具有高的可靠性；由于有良好的磁屏蔽，无电感器之间的交叉耦合，可实现高密度安装。

（3）高频（微波）贴片电感器。它是在陶瓷基片上采用精密薄膜多层工艺技术制成，具有高精度（$\pm 2\% \sim \pm 5\%$），且寄生电容极小。

大功率贴片电感器都是绕线型的，主要用于电源、逆变器中，用做储能器件或大电流 LC 滤波器件（降低噪声电压输出）。由方形或圆形"工"字形铁氧体为骨架，采用不同直径的漆包线绕制而成。

1.3.3　电感的检测

用万用表检测。将万用表打到蜂鸣二极管档，表笔分别接触电感两个引脚，从万用表读取数值。

对于贴片电感，此时读数应为 0，如果读数偏大或无穷大则表示电感损坏。

对于电感线圈，匝数多、线径细的线圈读数会达到几十到几百，通常线圈的直流电阻为几欧姆。万用表无法判断的情况下可以使用电感表加以检测。

1.4　二极管

晶体二极管为一个由 p 型半导体和 n 型半导体形成的 p - n 结，在其界面处两侧形成空间电荷层，并建有自建电场。二极管的正、负两个端子，正端称为阳极，负端称为阴极。电流只能从阳极向阴极方向移动。二极管的主要特性是单向导电性，在正向电压的作用下，导通电阻很小，而在反向电压作用下导通电阻极大或无穷大。利用二极管单向导电的特性，常用二极管做整流器，把交流电变为直流电，即只让交流电的正半周（或负半周）通过，再用电容器滤波形成平滑的直流。好多电器的电源部分都是这样处理的。二极管也用来做检波器，把高频信号中的有用信号"检出来"，例如收音机中就有一个"检波二极管"。

1.4.1　二极管参数的识别

标准国产二极管的型号命名分为五个部分：

第一部分用数字"2"表示主称为二极管。

第二部分用字母表示二极管的材料与极性。

A：N 型锗材料；B：P 型锗材料；C：N 型硅材料；D：P 型硅材料；E：化合物材料。

第三部分用字母表示二极管的类别。

P：小信号管（普通管）；W：电压调整管和电压基准管（稳压管）；L：整流堆；N：阻尼管；Z：整流管；U：光电管；K：开关管；B或C：变容管；V：混频检波管；JD：激光管；S：遂道管；CM：磁敏管；H：恒流管；Y：体效应管；EF：发光二极管。

第四部分用数字表示序号。

第五部分用字母表示二极管的规格号。

二极管的型号直接标注在它的上面，选用二极管时要考虑二极管的功率和反向耐压值，使用时注意二极管的正、负极，有环状标志的一端为正极，加正电压；另一端为负极，加负电压。对于发光二极管，管脚较长的为正极，加正电压；否则不发光。二极管一般只在表面上标注型号，因此，从厂家资料查找其参数。

1.4.2 二极管的种类

二极管种类有很多，按照所用的半导体材料，可分为锗二极管（Ge管）和硅二极管（Si管）。按照用途，可分为检波二极管、整流二极管、稳压二极管、开关二极管、限幅二极管、变容二极管、快速关断二极管、发光二极管等。

1. 检波二极管

从输入信号中取出调制信号是检波。以整流电流的大小（100mA）作为界线，通常把输出电流小于100mA的叫检波。此类二极管电流小，结电容小，主要用在小信号、高频率的电路中。锗材料点接触型二极管，工作频率可达400MHz，正向压降小，结电容小，检波效率高，频率特性好，为2AP型。除用于检波外，还可用于限幅、削波、调制、混频、开关等电路。

2. 整流二极管

从输入交流中得到输出的直流是整流。以整流电流的大小（100mA）作为界线，通常把输出电流大于100mA的叫整流。面结型二极管，最高反向电压从25V至3000V，分A～X共22档。分为硅半导体整流二极管2CZ型、硅桥式整流器QL型、用于电视机高压硅堆工作频率近100kHz的2CLG型。主要用在电源电路上做整流元件，还可以灵活地构成限幅、钳位、抑制反向电动势、双电源实现数据保护等电路。

3. 稳压二极管

属于硅管，是反向击穿特性曲线急骤变化的二极管。动态电阻RZ很小，一般为2CW型；将两个互补二极管反向串接以减少温度系数则为2DW型。在很大的电流变化范围内，只有极小的电压变化。一般用于电路中的基准电压。二极管工作时的端电压（又称齐纳电压）从3V左右到150V，按每隔10%能划分成许多等级。在功率方面，也有从200mW至100W以上的产品。

4. 开关二极管

用于小电流下（10mA程度）的逻辑运算。小电流的开关二极管通常有点接触型和键型等二极管，也有在高温下可以工作的硅扩散型、台面型和平面型二极管。开关二极管的特长是开关速度快。肖特基型二极管的开关时间非常短，因而是理想的开关二极管。2AK型点接触用于中速开关电路，2CK型平面接触用于高速开关电路。

5. 限幅二极管

大多数二极管能作为限幅使用。专用限幅二极管，如保护仪表用的二极管和高频齐纳管。为使这些二极管具有很好的限制尖锐振幅的作用，通常使用硅二极管。

6. 变容二极管

用于自动频率控制（AFC）和调谐用的小功率二极管称变容二极管。是一种电容随外加偏压改变有较大非线性变化的二极管，通常工作于反向偏置状态，在调频电路中有较广应用。常用于电视机高频头的频道转换和调谐电路，多以硅材料制作。

7. 快速关断二极管

是一种具有 PN 结的二极管。其结构上的特点是：在 PN 结边界处具有陡峭的杂质分布区，从而形成"自助电场"。由于 PN 结在正向偏压下，以少数载流子导电，并在 PN 结附近具有电荷存贮效应，使其反向电流需要经历一个"存贮时间"后才能降至最小值（反向饱和电流值）。"自助电场"缩短了存贮时间，使反向电流快速截止，并产生丰富的谐波分量。利用这些谐波分量可设计出梳状频谱发生电路。用于脉冲和高次谐波电路中。

8. 发光二极管

一种主动发光器件简称 LED，和普通二极管类似，也具有单向导电性，发光响应速度可快到几十纳秒，颜色和外形种类很多。现在还有一种复合发光二极管，一支二极管在不同的控制条件下发出不同颜色的光。发光二极管多用于电子电路中作信号和状态的显示，也可作为光传感器的光源。还有一种与发光二极管类似的红外发光二极管，只不过它发出的是我们肉眼不能直接看到的红外光，在电子产品中常用作红外光源，还经常用于光通讯等领域。

1.4.3　二极管的检测

使用万用表的欧姆档检测其正向导通阻值。用数字式万用表测二极管时，红表笔接二极管的正极，黑表笔接二极管的负极，此时测得的阻值为二极管的正向导通阻值，与指针式万用表的表笔接法刚好相反。

1. 晶体二极管的检测

把万用表拨到 R × 1000Ω 的档上，用万用表测量二极管的正、反向电阻，好的二极管正向电阻值通常是锗管是 500Ω ~ 2kΩ，硅管是 3kΩ ~ 10kΩ，反向电阻值通常是大于 100kΩ（硅管更大一些）；正向电阻越少越好，反向电阻越大越好。若测得反向电阻值很小，说明二极管已经失去单向导电的作用；若测得反向电阻值很大，说明二极管已经损坏（接近断路）。从材料来分，二极管可分为锗管和硅管，它们最显著的特点是门限电压（或者称为接通电压）的不同，通常锗管是 0.2 ~ 0.4V，硅管是 0.6 ~ 0.8V，它可以由晶体管特性图示仪来测量。

2. 硅高速开关二极管的检测

检测硅高速开关二极管的方法与检测普通二极管的方法相同。它的正向电阻较大。用 R × 1k 电阻挡测量，一般正向电阻值为 5 ~ 10kΩ，反向电阻值为无穷大。

3. 恢复二极管的检测

使用万用表检测。先使用 R×1k 挡检测其单向导电性。正向电阻为 45kΩ 左右，反向电阻为无穷大；再使用 R×1 挡复测一次，一般正向电阻为几欧，反向电阻仍为无穷大。

4. 变容二极管的检测

将万用表置于 R×10k 挡，无论红、黑表笔怎样对调测量，变容二极管的两引脚间的电阻值均应为无穷大。如果在测量中，发现万用表指针向右有轻微摆动或阻值为零，说明变容二极管有漏电故障或已经击穿损坏。万用表无法检测变容二极管容量消失或内部的开路性故障。

5. 发光二极管的检测

使用万用表的 R×10k 挡，将表笔与二极管的两引脚相连，如果表针偏转过半且二极管内有发光点，则表示二极管是正向接入。将表笔对调反向接入时，表针应不动，此时说明发光二极管正常。如果无论正向还是反向接入时，表针偏转过头或都不动，则说明二极管已经损坏。

6. 红外发光二极管的检测

将万用表置于 R×1k 挡，测量红外发光二极管的正、反向电阻，通常，正向电阻应在 30kΩ 左右，反向电阻应在 500kΩ 以上。要求反向电阻越大越好。

1.5 三极管

晶体三极管通常简称为晶体管或三极管，是一种具有两个 PN 结的半导体器件。晶体三极管是电子电路中的核心器件之一，在各种电子电路中的应用十分广泛。一般用作放大、调制、谐振或开关等。符号为"Q、V、T"（见图1-9）。

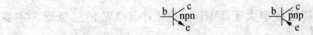

图1-9　晶体三极管

三极管有三个电极，即 b、c、e，其中 c 为集电极（输入极）、b 为基极（控制极）、e 为发射极（输出极）。实物如图1-10所示。

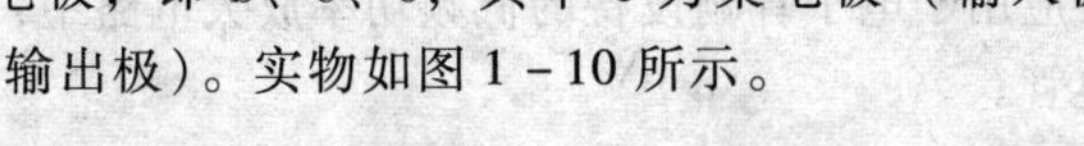

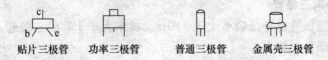

贴片三极管　　功率三极管　　普通三极管　　金属壳三极管

图1-10　三极管

1.5.1 三极管的参数识别

国产晶体三极管的型号命名由五部分组成。

第一部分用数字"3"表示三极管。

第二部分用字母表示材料和极性。

A：PNP 型锗材料；B：NPN 型锗材料；C：PNP 型硅材料；D：NPN 型硅材料；E：化合物材料。

第三部分用字母表示类型。

X：低频小功率管；G：高频小功率管；D：低频大功率管；A：高频大功率管；K：开关管；T：闸流管；J：结型场效应管；U：光电管。

第四部分用数字表示序号。

第五部分用字母表示规格。

例如：

3AX31 为 PNP 型锗材料低频小功率晶体三极管；

3DG6B 为 NPN 型硅材料高频小功率晶体三极管。

1.5.2 三极管的种类

三极管的种类繁多，按材质分，三极管的种类有硅管、锗管；按结构分，三极管的种类有 NPN 、PNP；按功能分，三极管种类有开关管、功率管、达林顿管、光敏管等；按三极管消耗功率的不同分，三极管的种类有小功率管、中功率管和大功率管。

1. 低频小功率三极管

低频小功率三极管一般指特征频率在 3MHz 以下，功率小于 1W 的三极管。一般作为小信号放大用。

2. 高频小功率三极管

高频小功率三极管一般指特征频率大于 3MHz，功率小于 1W 的三极管。主要用于高频振荡、放大电路中。

3. 低频大功率三极管

低频大功率三极管指特征频率小于 3MHz，功率大于 1W 的三极管。低频大功率三极管品种比较多，主要应用于电子音响设备的低频功率放大电路中；用于各种大电流输出稳压电源中作为调整管。

4. 高频大功率三极管

高频大功率三极管指特征频率大于 3MHz、功率大于 1W 的三极管。主要在通信等设备中用于功率驱动、放大。

5. 开关三极管

开关三极管是利用控制饱和区和截止区相互转换工作的。开关三极管的开关过程需要一定的响应时间。开关响应时间的长短表示了三极管开关特性的好坏。

6. 场效应管

场效应管是靠半导体表面的电场效应，在半导体中感生出导电沟道来进行工作的。是电场效应控制电流大小的单极型半导体器件。具有输入阻抗高、噪声低、热稳定性好、制造工艺简单等特点，应用于大规模和超大规模集成电路中。

7. 闸流管

又可称做可控硅整流器，以前被简称为可控硅。闸流管是 PNPN 四层半导体结构，它有三个极：阳极，阴极和门极；晶闸管工作条件为：加正向电压且门极有触发电流；其派生器件有：快速晶闸管，双向晶闸管，逆导晶闸管，光控晶闸管等。它是一种大功率开关型半导体器件。晶闸管具有硅整流器件的特性，能在高电压、大电流条件下工作，且其工作过程可以控制，被广泛应用于可控整流、交流调压、无触点电子开关、逆变及变频等电子电路中。

8. 光电管

基于外光电效应的基本光电转换器件。光电管可使光信号转换成电信号，分真空光电管和充气光电管两种。光电管的典型结构是将球形玻璃壳抽成真空，在内半球面上涂一层光电材料作为阴极，球心放置小球形或小环形金属作为阳极，若球内充低压惰性气体就成为充气光电管。光电子在飞向阳极的过程中与气体分子碰撞而使气体电离，可增加光电管的灵敏度。

1.5.3 三极管的检测

把万用表打到蜂鸣二极管档，首先用红笔假定三极管的一只引脚为 b 极，再用黑笔分别触碰其余两只引脚，如果测得两次数值相差不大，且都在 600 左右，则表明假定是对的，红笔接的就是 b 极，而且此管为 NPN 型管。c、e 极的判断，在两次测量中黑笔接触的引脚，读数较小的是 c 极，读数较大的是 e 极。红笔接 b 极，当测得的两级数值都不在范围内，则按 PNP 型管测。PNP 型管的判断只需把红、黑表笔调换即可，测量方法同上。两组读数在 300~800 为正常，如果有一组数值不正常三极管为坏，如果两组数值相差不大说明三极管性变劣。测量 c、e 两脚，如果读数为 0，说明三极管 c、e 之间短路或击穿；如果读数为 1，说明三极管 c、e 之间开路。

1.6 逻辑电路

逻辑电路是由输入数据决定输出数据的电路。输入输出数据为 0 或者 1。类似于使用 1 和 0 信号进行运算、存储、传送或转换等操作的"电子开关"。

MCU 内部电路由逻辑电路构成，如 CPU、存储器、I/O 功能模块等（见图 1-11）。

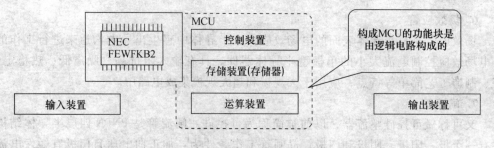

图 1 – 11   MCU 内部框架图

1.6.1 基本逻辑电路

计算机大部分硬件由以下三种逻辑电路组合而成（见图 1 – 12）。
- AND 电路
- OR 电路
- NOT 电路

图 1 – 12   基本逻辑电路

通过基本组合逻辑电路（AND、OR、NOT），可以构成其他的逻辑电路或者具有特定功能的电路。代表性的电路包括以下七种：
- NAND 电路
- NOR 电路
- XOR 电路
- 多输入逻辑电路
- 加法电路
- 编码电路
- 解码电路

这些电路叫做组合电路。

1. NAND 组合电路

图 1 – 13   NAND 电路等效组合

2. NOR 组合电路

图 1 – 14　NOR 电路等效组合

3. XOR 组合电路

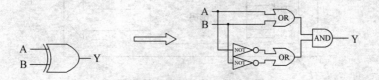

图 1 – 15　XOR 电路等效组合

4. 多输入逻辑电路

图 1 – 16　多输入逻辑电路

5. 加法电路

（1）半加器（见图 1 – 17）。

（2）全加器。两个半加器和一个或门可以构成一个全加器（见图 1 – 18）。

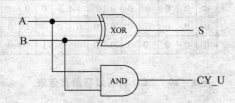

图 1 – 17　半加器

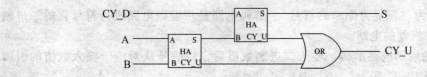

图 1 – 18　全加器

6. 编码电路

"编码"即为"符号化"。编码电路是对输入信号进行符号化并输出的电路。

（1）简单的编码电路示例。如图 1 – 19 所示输入引脚与按钮连接，通过编码电路将引脚上输入的信号以二进制形式输出。即

➤ 按下按钮 1 时，编码电路输出二进制数值"0001"

➤ 按下按钮 2 时，编码电路输出二进制数值"0010"

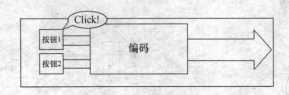

图 1 – 19　简单编码电路示例

（2）BCD 符号编码器。将 0 ~ 9 的输入作为 4 位二进制数值（BCD 符号）输出。如图 1 – 20 所示，A 为最低位。

				输入								输出				
0	1	2	3	4	5	6	7	8	9		D	C	B	A	
1	0	0	0	0	0	0	0	0	0		0	0	0	0	十进制时为"0"
0	1	0	0	0	0	0	0	0	0		0	0	0	1	十进制时为"1"
0	0	1	0	0	0	0	0	0	0		0	0	1	0	十进制时为"2"
0	0	0	1	0	0	0	0	0	0		0	0	1	1	十进制时为"3"
0	0	0	0	1	0	0	0	0	0		0	1	0	0	十进制时为"4"
0	0	0	0	0	1	0	0	0	0		0	1	0	1	十进制时为"5"
0	0	0	0	0	0	1	0	0	0		0	1	1	0	十进制时为"6"
0	0	0	0	0	0	0	1	0	0		0	1	1	1	十进制时为"7"
0	0	0	0	0	0	0	0	1	0		1	0	0	0	十进制时为"8"
0	0	0	0	0	0	0	0	0	1		1	0	0	1	十进制时为"9"

图 1 – 20　BCD 符号编码器真值表

上述功能的 BCD 符号编码器可以使用多输入的 OR 电路组合实现（见图 1 – 21）。

7. 解码电路

"解码"即为"恢复为原来的符号"。解码电路是将编码电路进行符号化的二进制数值进行破译并恢复的电路。

（1）简单的解码电路示例。输入二进制数值后，将信号从对应于输入数值的引脚输出。电路如图 1 – 22 所示。

（2）BCD 符号解码器。将 4 位数值（BCD 符号）输入作为 0 ~ 9 的十进制数值输出。A 为最低位，D ~ A 构成 4 位二进制数值输入。真值表如图 1 – 23 所示。

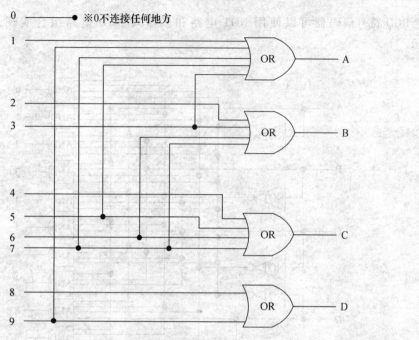

图 1 - 21　BCD 符号编码器组合电路

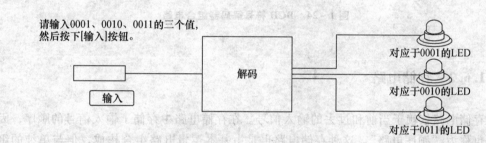

图 1 - 22　简单解码电路示例

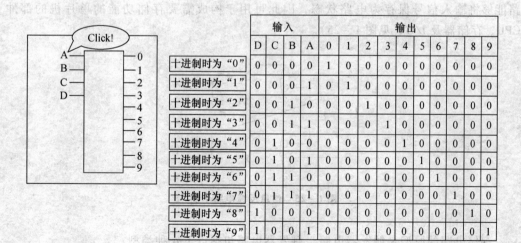

输入				输出									
D	C	B	A	0	1	2	3	4	5	6	7	8	9
十进制时为 "0"	0	0	0	0	1	0	0	0	0	0	0	0	0	0
十进制时为 "1"	0	0	0	1	0	1	0	0	0	0	0	0	0	0
十进制时为 "2"	0	0	1	0	0	0	1	0	0	0	0	0	0	0
十进制时为 "3"	0	0	1	1	0	0	0	1	0	0	0	0	0	0
十进制时为 "4"	0	1	0	0	0	0	0	0	1	0	0	0	0	0
十进制时为 "5"	0	1	0	1	0	0	0	0	0	1	0	0	0	0
十进制时为 "6"	0	1	1	0	0	0	0	0	0	0	1	0	0	0
十进制时为 "7"	0	1	1	1	0	0	0	0	0	0	0	1	0	0
十进制时为 "8"	1	0	0	0	0	0	0	0	0	0	0	0	1	0
十进制时为 "9"	1	0	0	1	0	0	0	0	0	0	0	0	0	1

图 1 - 23　BCD 符号解码器真值表

BCD 符号解码器可以使用 NOT 电路和多输入 AND 电路组合实现，如图 1 - 24 所示。

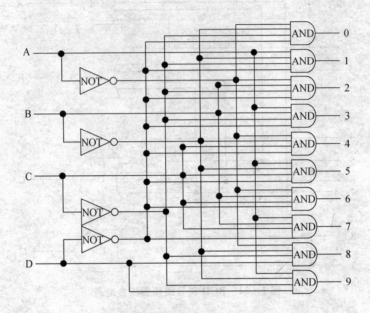

图 1 - 24　BCD 符号解码器组合电路

1.6.2　存储电路

存储电路依赖于当前和过去的输入信号。在存储电路中存储了输入信号的顺序，因此，也称为"顺序电路"。这种存储电路也是由基本逻辑电路组合构成，但与单纯的组合电路不同，它具有从输出信号引脚到输入信号引脚构成的信号反馈电路。由于存储电路能够将输入信号保存为电路状态，因此可用于构成需要存储功能的单片机的部件CPU、存储器及 I/O（见图 1 - 25）。

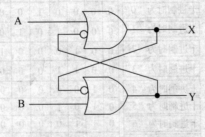

图 1 - 25　信息反馈电路示例

存储电路的原型是触发器电路。触发器电路包括以下 4 种类型：

➤ RS 触发器

> D 触发器
> T 触发器
> JK 触发器

1.6.3 寄存器

寄存器是存储数据的电路，是保存数据的"存储器"。

数据存储电路包括以下 3 种功能：

> 存储器——存储到不需要为止
> 寄存器——暂时存储
> 锁存器——捕捉数据

寄存器包括以下 2 种类型：

> 并行寄存器（并联寄存器）
> 串行寄存器（串联寄存器即移位寄存器）

寄存器由上述触发器电路组合而成。

（1）并行寄存器。多个数字信号并联存储的电路就是并行寄存器。并行寄存器内部采用触发器并列的结构。图 1－26 所示为 8 位并行寄存器。其中 D0～D7 是数据输入引脚，Q0～Q7 是存储数据的输出引脚，STB 是选通脉冲信号输入引脚。如果将 8 位数字信号设置到 D0～D7，同时 STB 信号有效（上升沿），则 D0～D7 信号将输出到 Q0～Q7。此后，即使 D0～D7 发生变化，Q0～Q7 也保持不变，直至 STB 再次有效（见图 1－26）。

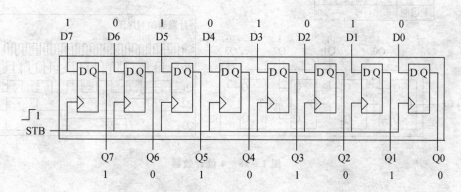

图 1－26 并行寄存器

（2）串行寄存器。它是按照顺序逐位（串行地）存储数字信号的寄存器，又叫移位寄存器。图 1－27 所示串行寄存器可存储 4 位，D 是 1 位数据输入引脚，Q0～Q3 是存储数据的输出引脚，STB 是选通脉冲信号输入引脚。

STB 信号有效后，输出到 Q1 的信号被输出到 Q0，输出到 Q2 的信号被输出到 Q1，输出到 Q3 的信号被输出到 Q2，从 D 输入的信号被输出到 Q3。然后一直保持，直至 STB 信号再一次有效。由于触发器的特性，在 STB 信号的作用下，存储的内容按照 Q3→Q2→Q1→Q0 的顺序依次进行移位（见图 1－27）。

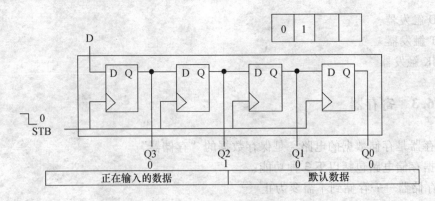

图 1 - 27　串行寄存器

1.6.4　计数器

计数器对输入信号从"0"变为"1"和从"1"变为"0"的变化次数进行计数并存储，并将结果作为二进制数值输出。下面是一个 4 位计数器。CP 是用于计数的时钟信号，Q0 ~ Q3 用于输出计数值。利用 T 触发器的分频特性，可实现二进制的计数输出（见图 1 - 28）。

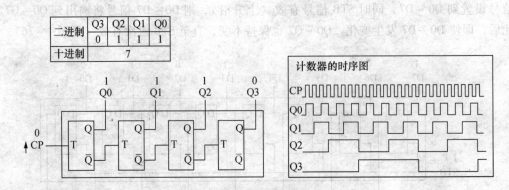

图 1 - 28　4 位计数器

1.6.5　锁存器

锁存器电路与上述寄存器的电路相同。寄存器是"存储数据的电路"，而锁存器则通常用于"存储器信号"。有代表性的锁存器电路是 D 锁存器，如图 1 - 29 所示。输入引脚 D 为"1"时，将输入引脚 D 的数据输出到输出引脚 Q 端，而输入引脚 G 为"0"时，输出引脚 Q 的值保持不变。与 D 触发器不同，D 触发器是在输入引脚 CLK 的边沿将输入到 D 的值输出到 Q 端。可以说寄存器是脉冲边沿起作用，而锁存器是电平起作用的器件（见图 1 - 29）。

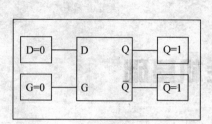 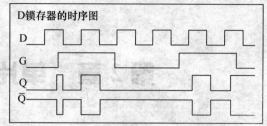

图1-29 锁存器

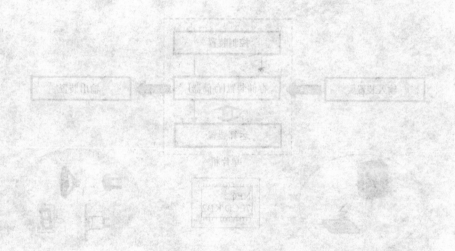

第 2 章　单片机基础

计算机由输入装置、控制装置、运算装置、存储装置和输出装置组成。在个人 PC 中，键盘和鼠标是常用的输入设备，显示器和扬声器是常用的输出设备，而单片机将控制装置、运算装置和存储装置嵌入到一股大规模集成电路中。连接在嵌入式单片机上的常用输入装置包括开关、按钮及各种传感器等，输出装置包括 LED、LCD、电机及扬声器等（见图 2-1）。

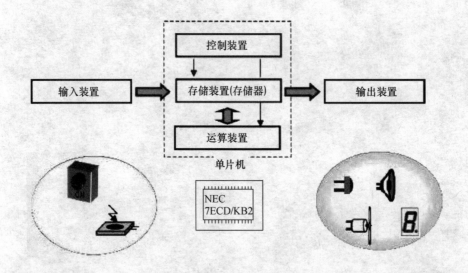

图 2-1　单片机控制系统

2.1　单片机的寄存器

为进行各种计算和处理，单片机使用寄存器用于暂存数据。寄存器的构成因单片机种类而各不相同。下面是瑞萨电子的 78K0 系列单片机的寄存器。

·PC（程序计数器）：存储下一条指令的地址

16bit

· PSW（程序状态字）：存储 CPU 的状态

8 位

· SP（堆栈指针）：存储堆栈栈顶的地址

16bit

· 通用寄存器组

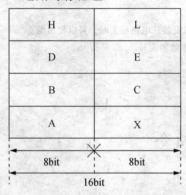

H、L、D、E、B、C、A、X 除了用作 8 位寄存器外，还可用作 16 位寄存器 AX、BC、DE、HL。

2.2 单片机的存储装置

单片机的程序存储在存储装置（存储器）中，控制装置从这里一条条地读取指令并进行处理。存储装置也用于暂时存储程序执行的中间结果或者从输入装置读取的值等数据信息。按照其特性分为 ROM 和 RAM（见图 2-2）。

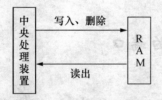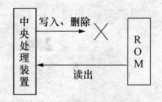

图 2-2 单片机的存储装置

ROM（只读存储器）可以随机地读出，但不能写入。掉电后内容不丢失，主要用于存储程序和数据表。ROM 有很多类型，如 PROM、EPROM、EEPROM 和 FLASH 等。

RAM（随机存储器）可以随机地读出和写入数据。掉电后内容丢失，主要用于暂存程序处理时的数据。

存储器结构因单片机种类而异。下面是 78K0 系列单片机的存储器结构。

SFR（特殊功能寄存器区）	SFR（特殊功能寄存器）区：外围设备的功能寄存器区。
内部 RAM 区	内部 RAM 区：数据操作的专用存储器。该区最后地址是固定的，起始地址因内部高速 RAM 的容量而异。
FLASH 区	FLASH 区：用于存放程序。单片机安装在电路板上时，可以使用编程器对 FLASH 进行程序的写入、擦除和改写。

2.3　单片机的指令

指令是以字节为最小单位的机器代码。使用汇编器可以将汇编指令转换为机器代码，存储在单片机的存储器中以便执行。因单片机种类不同通常汇编指令也不相同。下面是 78K0 系列的汇编指令示例。详细的指令集请参考各种单片机的用户手册。

[汇编指令示例]

（汇编命令）		（机器代码）	（说明）
MOV	A，#10	A1 0A	将 10 放入寄存器 A 中
CMP	A，#10	4D 0A	将寄存器 A 的值与 10 进行比较
BZ	$ LOOP	AD xx	跳转到名为 LOOP 的位置

注：xx 表示 LOOP 的地址。

2.4　单片机的端口

单片机都带有与外部进行通信的端口。一般情况下，单片机包括多种类型的端口。例如：

·通用输入输出端口（GPIO）

可以使用 1 位操作设置输入或者输出端口。最常用的输入输出控制例如开关的读入（输入端口）和 LED 指示灯的亮灭控制（输出端口）。

·N－ch 漏极开路输出端口

具有大电流输出的端口，可以直接驱动 LED 指示灯。另外可以使用 N－ch 漏极开路输出端口在具有不同电压的 IC 之间进行信号传输。

· 输出专用端口

是专用作输出的端口。例如，在复位期间，P130 引脚的低电平输出可以用作其他 IC 或者电路的复位信号。

· 模拟输入复用端口

模拟输入端口可以将模拟信号直接输入到单片机内部的 A/D 转换器，并通过 A/D 转换器将模拟信号转换为数字信号。

78K0/KE2 的端口构成如表 2-1 所示。

表 2-1　78K0/KE2 端口功能一览

端口	输入输出	兼用功能	位	复位时
端口 0	输入输出	定时器、串行	7	输入端口
端口 1	输入输出	定时器、串行	8	输入端口
端口 2	输入输出	A/D 输入	8	模拟输入
端口 3	输入输出	外部中断	4	输入端口
端口 4	输入输出	—	4	输入端口
端口 5	输入输出	—	4	输入端口
端口 6	输入输出	串行	4	输入端口
端口 7	输入输出	键输入	8	输入端口
端口 12	输入输出	外部振荡电路	5	输入端口
端口 13	输出	—	1	输出端口
端口 14	输入输出	外部 CLK 输出	2	输入端口

2.4.1　控制 I/O 端口的功能寄存器

如表 2-2 中所示的是 78K0 系列单片机的端口控制寄存器。通过控制这些寄存器，可以切换端口的功能。

表 2-2　寄存器一览表

寄存器	说明
端口模式寄存器（PMn）	是以 1 位单位设定端口输入/输出的寄存器。端口模式寄存器，分别用 1 位存储操作命令和 8 位存储操作命令进行设定
端口寄存器（Pn）	是端口输出时将输出数据写到芯片外部的寄存器。读入时，在输入模式的情况下，读出端子电平；在输出模式的情况下，读出端口输出锁存器的值
上拉电阻选择寄存器（PUn）	是用于设定是否使用内置上拉电阻的寄存器
A/D 端口配置寄存器（ADPC）	是用于将 P20/ANI0 - P27/ANI7 端子切换为商品数字输入输出/A/D 转换器模拟输入的寄存器

2.4.2 端口的输入控制

输入端口的控制一般包括：

（1）通过设置端口模式寄存器，设置控制输入设备的端口为输入端口。

（2）如果需要内部上拉电阻，设置内部上拉电阻设置寄存器，为输入端口设置上拉电阻。

（3）通过读端口数据寄存器获得外部设备输入到该引脚上的状态。

下面以78K0/KE2系列单片机的P0端口为例，介绍输入控制的电路构成及软件设计（见图2-3）。

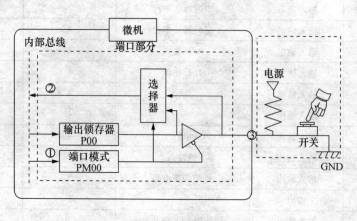

图2-3 按键输入

程序如下：

```
PORT_ INPUT
SET1    PM0.0    ；通过设置端口模式寄存器设置P00为输入端口
MOV     A，P0    ；将P0口的8位数据读入A
AND     A，#01H；获得P00的输入
```

2.4.3 端口的输出控制

输出端口的控制一般包括：

（1）通过设置端口模式寄存器，设置控制输出设备的端口为输出端口。

（2）无需设置内部上拉电阻。

（3）通过写端口数据寄存器，可以从该引脚输出高低电平以控制外部电路，如发光二极管的亮灭控制、蜂鸣器的发声控制以及电源的ON/OFF控制等。

下面以78K0/KE2系列单片机的P0端口为例，介绍输出控制的电路构成及软件设计（见图2-4）。

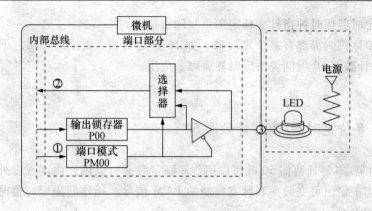

图 2 - 4　LED 控制

程序如下：

```
PORT_ OUTPUT
CLR1   PM0.0 ；通过设置端口模式寄存器设置 P00 为输出端口
SET1   P0.0  ；设置数据寄存器 P0 的最低位 P00 为 1（高电平），LED 灯灭
CLR    P0.0  ；设置数据寄存器 P0 的最低位 P00 为 1（高电平），LED 灯亮
```

2.5　单片机的定时器

2.5.1　定时器的类型

整体而言，定时器包括事件定时器和间隔定时器（见图 2 - 5）。

·事件定时器指的是按照设定的事件输出信号。

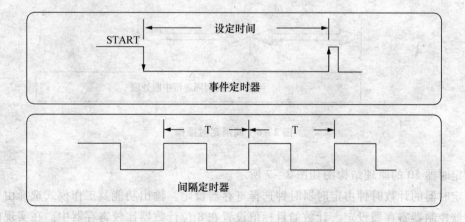

图 2 - 5　定时器脉冲

·间隔定时器像时钟指针一样定期重复输出信号。

每一款单片机内部都有多个定时器，如 16 位定时器、8 位定时器。下面就以 8 位定时器/事件计数器 50 为例说明定时器原理及应用。

2.5.2　8 位定时器/事件计数器 50

8 位定时器/事件计数器 50 既可以用间隔定时又可以用作内部或者外部的事件计数，还可以用于输出可变频率和脉宽控制的 PWM 信号。用作间隔定时器时，也可以输出任意频率的方波。

1. 用作间隔定时

工作在这种模式时，事先设定一个目标计数值，然后启动定时器，单片机开始对定时器模块的时钟进行计数，当计数值达到事先设定的目标值时，则产生一个中断，当前的计数值自动清零，并再次开始下一轮的计数操作，周而复始，一定的时间间隔产生中断。如果允许方波输出功能，则此时将反转输出引脚的电平状态，从而实现持续的方波输出。间隔定时器的操作如图 2 - 6 所示。

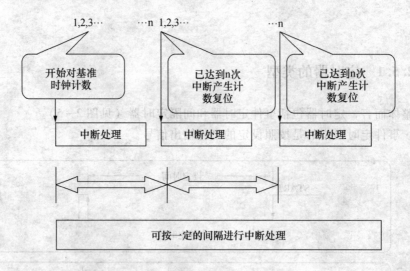

图 2 - 6　间隔定时操作

定时器 50 的原理结构图如图 2 - 7 所示。

定时器的计数时钟由定时器时钟选择寄存器设定。输出功能及工作模式选择由 8 位定时器控制器寄存器设定。计数的目标值设置在 8 位计数器比较寄存器中。在实现的定时间隔为 8 位定时器比较寄存器的值/定时器的时钟频率。

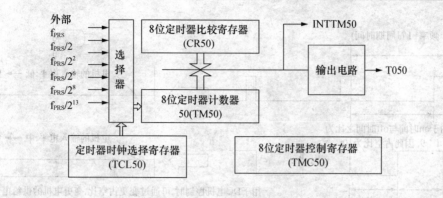

图 2 – 7 定时器 50 结构图

间隔定时器的应用示例：使用 8 位定时器/事件计数器 50 实现 0.1 秒间隔定时。

（1）计数时钟的选择。8 位定时器比较寄存器中的设定值最大为 255（0～255）。计数 255 次达到 0.1 秒时的计数时钟周期（一个计数时钟的时间）等于 0.1 秒÷255 = 0.000392 秒，即 2551Hz（2.551kHz）。因此，该定时器的计数时钟可以选择 2.551kHz 以下的时钟频率。

（2）比较寄存器 CR50 的设定。当选择计数时钟为 2.44kHz 时，要实现 0.1 秒的间隔定时，比较寄存器 CR50 中的设置值为 244（F4H）。

（3）8 位定时器控制寄存器的设定。设定为计数器定时器操作开始，TM50 和 CR50 相等时清零启动，高电平为活动电平，允许输出。则 8 位定时器控制寄存器的设置情况如图 2 – 8 所示。

程序如下：

```
CLR1   P1.7        ; P17 = 0
CLR1   PM1.7       ; 端口 P17 为输出模式
MOV    TCL50, #07H ; 频率 = 2.44kHz
MOV    TMC50, #01H ; 操作许可, 输出
```

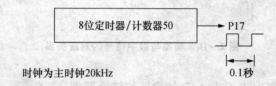

时钟为主时钟20kHz

图 2 – 8 定时器/计数器 50 实现 0.1 秒的间隔定时输出

2. 用作 PWM 输出

PWM（Pulse Width Modulation）是脉宽调制，主要用于直流电机的控制。PWM 信号的波形如图 2 – 9 所示。频率和占空比可调。

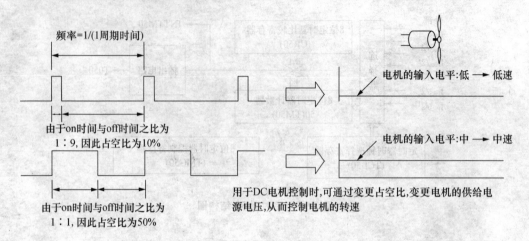

频率=1/(1周期时间)

由于on时间与off时间之比为
1∶9，因此占空比为10%

由于on时间与off时间之比为
1∶1，因此占空比为50%

电机的输入电平:低 —→ 低速

电机的输入电平:中 —→ 中速

用于DC电机控制时,可通过变更占空比,变更电机的供给电源电压,从而控制电机的转速

图 2－9　PWM 信号波形

2.6　单片机内部的 A/D 转换器

A/D 转换器是将模拟信号转换为数字信号的器件。大多数单片机内部都集成了 8 位/10 位的 A/D 转换器（见图 2－10）。

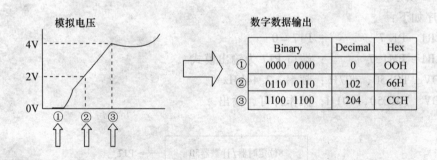

模拟电压

数字数据输出

	Binary	Decimal	Hex
①	0000　0000	0	00H
②	0110　0110	102	66H
③	1100　1100	204	CCH

图 2－10　模拟与数字信号的对应关系

图 2－11 说明了逐次逼近式 A/D 转换器的转换原理。

逐次逼近式 A/D 转换器的操作如下：

（1）通过闭合采样保持电路信号源的开关，电容器开始充电（采样过程）。

（2）断开开关后，比较电容两端的电压与转换器电阻的分压大小，首先从转换器电源电压的 1/2 处开始比较。

（3）将得到的结果保存的 MSB（采样电压高于电阻电压则为 H，低于电阻电压则为 L）。

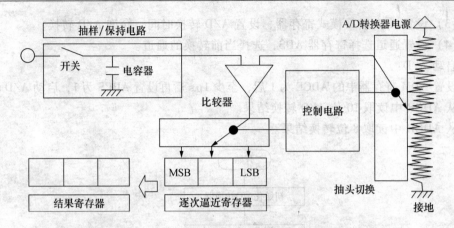

图 2－11　逐次逼近式 A/D 转换器的转换原理

（4）接下来，此前判定的结果为 H 时，与转换器电源电压的 3/4 进行比较，并保存其结果。如果此前判定的结果为 L 时，则与转换器电源电压的 1/4 进行比较。

（5）重复进行更加细密的比较，直至 LSB。

（6）达到 LSB 时，将结果保存至 A/D 转换结果寄存器。

图 2－12 是 78K0 MCU 内部 10 位 A/D 转换器的结构图。其中内部集成了 8 通道的多路转换开关，使得外部 8 个模拟通道可以通过开关切换共用一路 A/D 转换器。

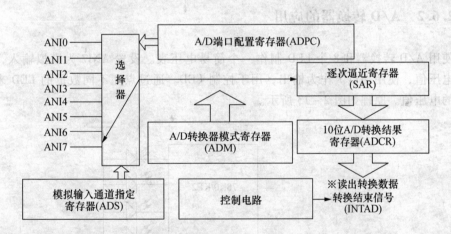

图 2－12　从 ADCR 寄存器读取 10 位转换结果；从 ADCRH 中读取 8 位 A/D 转换结果

2.6.1　A/D 转换器的操作

初始化内容如下：

（1）设置 PM2 寄存器，相应 A/D 输入引脚为输入模式。

（2）设置 ADPC 寄存器，配置相应端口为模拟输入通道。

（3）设置 A/D 转换模式寄存器，设置 A/D 转换时间，允许 A/D 转换。

（4）设置通道选择寄存器 ADS，选择当前转换的通道。

启动 A/D：

设置 ADM 寄存器中的 ADCE 为 1 后，至少 1μs 后再设置 ADCS 为 1，启动 A/D 转换。

从 ADCR 中读取 10 位 A/D 转换结果。

从 ADCH 中读取 8 位转换结果。

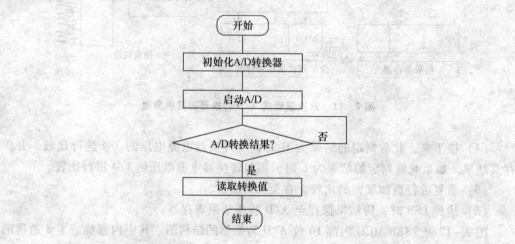

2.6.2　A/D 转换器的应用

使用 A/D 转换器和 8 个 LED 制作一个简易电压表。设置 ANI7 为模拟输入，用于测量电压值，使用端口 7 作为输出，用于控制 LED。通过点亮不同数量的 LED 来表征测量的电压值。原理如图 2-13 所示。

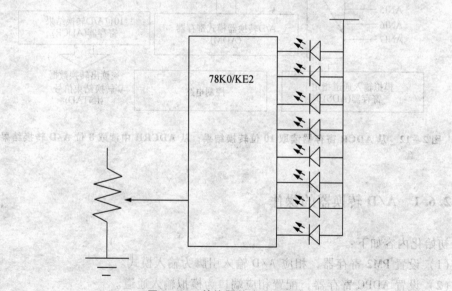

图 2-13　转换器的应用原理

控制原理如图 2-14 所示。启动 A/D 转换器后，通过确认 ADIF 标识位是否为 1，获知 A/D 是否转换结束，如果 ADIF = 1，则读取 ADCRH（8 位分辨率时）寄存器的值，该值的范围为 0~0xFF，分别表征电压 0~5V（VDD = 5V 时）。程序中可以直接将 ADCRH 寄存器的值输出给 P7 口，则 P7 端口上 LED 的亮灭即代表了 ADCRH 寄存器中二进制的数值，由此判断输入的电压值（Vin =（VDD/0xFF）＊ADCRH 的值）。

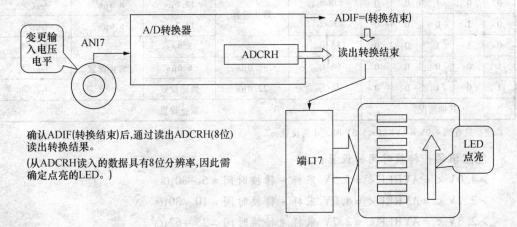

图 2-14 转换器的控制原理

应用中用到的硬件资源有：A/D 转换器、端口 ANI7 和端口 7。需要初始化的硬件包括 A/D 转换器和通用端口 P7。将 A/D 转换器设置为 8 位分辨率，并选择通道 ANI7 作为模拟输入；设置端口 P7 为输出端口。

1. A/D 初始时用到的寄存器

A/D 转换器模式寄存器（ADM）。该寄存器设置模拟输入的 A/D 转换时间，并启动/停止转换。可由 1 位或 8 位存储器操作指令设置 ADM。

格式如下：

地址：FF28H 复位后：00H R/W

符号	<7>	6	5	4	3	2	1	<0>
ADM	ADCS	0	FR2	FR1	FR0	LV1	LV0	ADCE

ADCS：A/D 转换操作控制位；ADCE：比较器操作控制位；FR2~LV0：A/D 转换时间选择位。

ADCS	ADCE	A/D 转换操作
0	0	停止状态（不存在直流功耗）
0	1	转换等待模式（比较器工作，只有比较器产生功耗）
1	0	转换模式（比较器停止[注]）
1	1	转换模式（比较器工作）

注：忽略第 1 次转换的数据。

下面是当 2.7 V≤AVREF ≤5.5 V 时，A/D 转换时间的设置。

A/D 转换器模式寄存器（ADM）					转换时间的选择				转换时钟
FR2	FR1	FR0	LV1	LV0		$F_{PRS}=2MHz$	$F_{PRS}=10MHz$	$F_{PRS}=20MHz$注	（f_{AD}）
0	0	0	0	0	$264/f_{PRS}$		26.4μs	13.2μs注	$f_{PRS}/12$
0	0	1	0	0	$178/f_{PRS}$	禁止设置	17.6μs	8.8μs注	$f_{PRS}/8$
0	1	0	0	0	$132/f_{PRS}$		13.2μs	6.6μs注	$f_{PRS}/6$
0	1	1	0	0	$88/f_{PRS}$		8.8μs		$f_{PRS}/4$
1	0	0	0	0	$66/f_{PRS}$	33.0μs	6.6μs	禁止设置	$f_{PRS}/3$
1	0	1	0	0	$44/f_{PRS}$	22.0μs	禁止设置		$f_{PRS}/2$
其他情况					禁止设置				

注：只有当 4.0V≤AVREF≤5.5V 时，才能设置。

注意事项：转换时间的设置：

➤4.0V < = AVREF < =5.5V 采样 + 转换时间 = 5 ~ 30μs

➤2.7V < = AVREF < =4.0V 采样 + 转换时间 = 10 ~ 30μs

➤2.3V < = AVREF < =2.7V 采样 + 转换时间 = 25 ~ 62μs

2. 修改 FR2 ~ FR0，LV1 ~ LV0，先停止 A/D

（1）模拟通道选择寄存器 ADS。该寄存器用来选择被转换的模拟电压的输入通道，可由 1 位或 8 位存储器操作指令设置 ADS。格式如下：

地址：FF29H　　复位后：00H　R/W

符号	7	6	5	4	3	2	1	0
ADS	0	0	0	0	0	ADS2	ADS1	ADS0

ADS2	ADS1	ADS0	At　　模拟输入通道的选择
0	0	0	ANI0
0	0	1	ANI1
0	1	0	ANI2
0	1	1	ANI3
1	0	0	ANI4
1	0	1	ANI5
1	1	0	ANI6
1	1	1	ANI7

（2）A/D 端口配置寄存器（ADPC）。这个寄存器用于将 ANI0/P20 ~ ANI7/P27 引脚切换为 A/D 转换器的模拟输入或者数字 I/O 端口，可由 1 位或 8 位存储器操作指令设置 ADPC。格式如下：

符号	7	6	5	4	3	2	1	0
ADPC	0	0	0	0	ADPC3	ADPC2	ADPC1	ADPC0

				模拟输入（AV 数字 I/O（D）的切换）							
ADPC3	ADPC2	ADPC1	ADPC0	ANI7/P27	ANI6/P26	ANI5/P25	ANI4/P24	ANI3/P23	ANI2/P22	ANI1/P21	ANI0/P20
0	0	0	0	A	A	A	A	A	A	A	A
0	0	0	1	A	A	A	A	A	A	A	D
0	0	1	0	A	A	A	A	A	A	D	D
0	0	1	1	A	A	A	A	A	D	D	D
0	1	0	0	A	A	A	A	D	D	D	D
0	1	0	1	A	A	A	D	D	D	D	D
0	1	1	0	A	A	D	D	D	D	D	D
0	1	1	1	A	D	D	D	D	D	D	D
1	0	0	0	D	D	D	D	D	D	D	D
其他情况				禁止设置							

（3）端口 PM2 的设置。在使用 ANI0/P20 ～ ANI7/P27 引脚作为模拟输入端口时，将 PM20 ～ PM27 设为 1。如果将 PM20 ～ PM27 设为 0，则它们不能用作模拟输入端口引脚，可由 1 位或 8 位的存储器操作指令来设置 PM2。格式如下：

符号	7	6	5	4	3	2	1	0
PM2	PM27	PM26	PM25	PM24	PM23	PM22	PM21	PM20

PM2n	P2n 引脚 I/O 模式的选择（n = 0～7）
0	输出模式（输出缓冲器打开）
1	输入模式（输出缓冲器关闭）

（4）A/D 转换结果寄存器。8 位 A/D 转换结果寄存器使用 ADCRH，10 位 A/D 转换结果寄存器使用 ADCR 寄存器。下述寄存器格式中 FF09H 即为 ADCRH 的实际地址。

符号	FF09H								FF08H					
ADCR										0	0	0	0	0	0

初始化程序如下：

A/D 初始化：

```
void AD_ Init ( void )
{
    ADM = AD_ ADM_ INITIALVALUE；/＊ AD conversion disable ＊/
    ADMK = 1；                  /＊ INTAD disabled ＊/
    ADIF = 0；                  /＊ INTAD interrupt flag clear ＊/
    ADPR = 1；                  /＊ set INTAD low priority ＊/
    ADCE = 1；                  /＊ AD comparator enable ＊/
    ADPC = 0x07；               /＊ ANI7 ＊/
    /＊ AD pin setting ＊/
    /＊ set 1 analog input ＊/
    PM2 = 0x80；
    ADM = 0x01；
    ADS = 0x07；                //select ANI7
}
```

3. 端口 7 初始时用到的寄存器

PM7 和 P7 寄存器，分别用于设置端口模式，参见上述 PM2 的格式。P7 为端口输出寄存器，用于控制 LED 的亮灭。

端口 P7 初始化：

```
void P7_ Init ( void )
{
    PM7 = 0；                   /＊ put out ＊/
    P7 = 0；                    /＊ led off ＊/
}
```

4. 制作读取 A/D 转换结果并从端口 7 显示的程序

端口 7 的数据与 LED 显示的关系如图 2－15 所示。

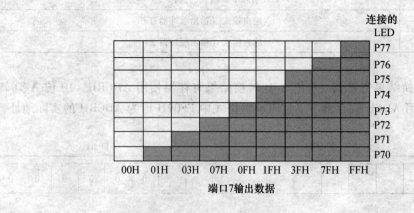

图 2－15　端口 7 输出的数据与 LED 的关系

```
void main ( void )
    {
        int t, x, y;
        AD_ Init ( );
        P7_ Init ( );
        t = 0x00;
        ADIF = 0;
        P7 = 0x00;
        AD_ Start ( );
while (1)
        {
        P7 = t;
        for ( x = 0; x + + ; x < 500) //delay
          {
              for ( y = 0; y + + ; y < 500);
          }
        if ( ADIF = = 1)
          {
              t = ADCRH;
              P7 = t;
              ADIF = 0;
          }
      }
    }
```

2.6.3　使用开发工具进行系统开发

下面介绍使用 Applilet2 进行程序开发的一些设定。

（1）Applilet2 的设置。

为项目取名为 "AD"，进行基本设定：

◇ 微控制器名称：78K0KF2

◇ 设备名称：Upd78F0547_ 80

◇ 主系统时钟：高速内部振荡器

◇ 子时钟：不使用

◇ 高速内部振荡时钟频率：8MHz

◇ 低速内部振荡时钟频率：240kHz

◇ CPU 时钟：8000kHz

◇ 片上调试功能：使用

◇ 监视定时器：不使用

◇ 模拟输入：ANI7/P27

◇ 端口 LED 连接：P70～P77

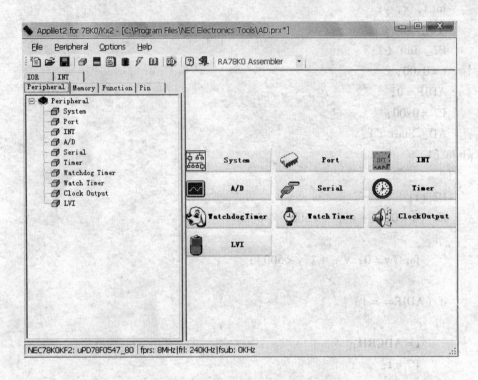

图 2 - 16　78K0/Kx2 MCU 免费使用工具

（2）A/D 的设置。

在上页的 Applilet2 页面中点击 "A/D 转换器"，进行如下设置：

◇ A/D 转换器操作控制：使用

◇ 转换操作控制：允许

◇ 模拟输入引脚选择：ANI7

◇ 转换开始通道选择：ANI7

◇ 转换时间的选择：2.7V < = AVREF < 4.0V、33μs（264/fprs）

（3）端口的设置。

在 Applilet2 设置页面上单击端口。选择 "端口 7" 标签，设置为全部输出。

（4）生成代码。

选择 "文件—代码生成"

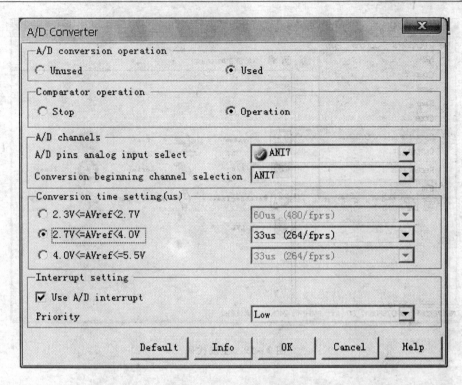

图 2-17 A/D 转换器设置

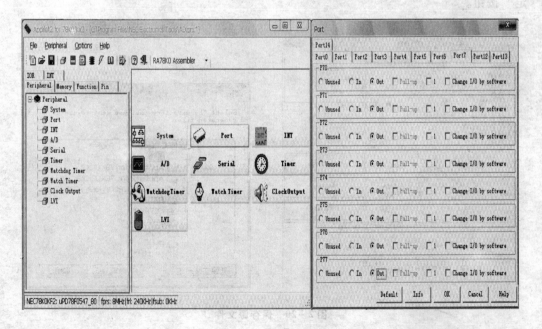

图 2-18 端口设置

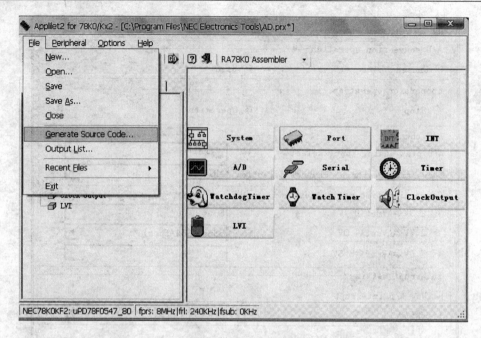

图2-19 生成代码

在显示的如下画面中点击"文件夹变更",选择保存生成代码的文件夹,单击"确定"按钮。

图2-20 保存源文件

确认生成对象文件夹已经改变,然后,单击"代码生成"生成代码。至此,完成Applilet2的工作。

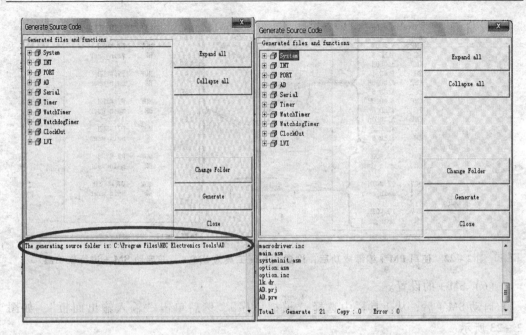

图 2 – 21 完成生成代码

（5）修改程序。

在 PM + 中加载 Applilet2 生成的项目文件，并修改 main. asm（这里以汇编代码为例）追加以下所示代码，完成本项目要求的功能。

图 2 – 22 为使用 PM + 编译成功后，设置 debug 工具为 SM + ，并启动 SM + 进行软仿真。

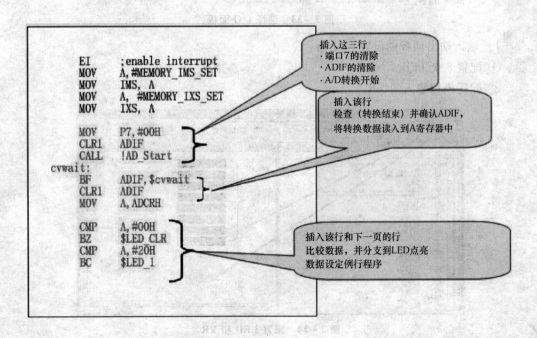

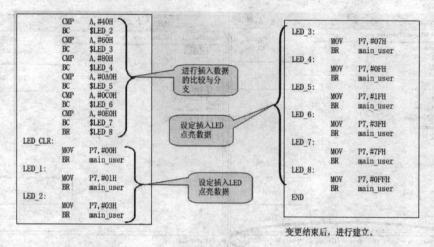

图 2 - 22　使用 PM + 编译成功后，设置 debug 工具为 SM + 。并启动 SM + 进行软仿真

（6）SM + 的设置。

启动 SM + 后，从工具栏中选择"模拟程序"，然后单击"输入输出面板"。如图 2 - 23 所示。

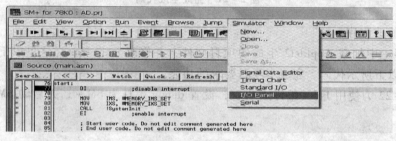

图 2 - 23　选择 I/O 面板

1）输入输出面板的设置：

① 配置 8 个 LED。

② 配置模拟输入的 VR。

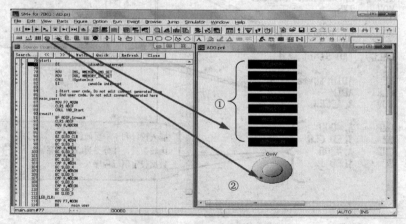

图 2 - 24　配置 LED 和 VR

2）LED 控制端口设置：

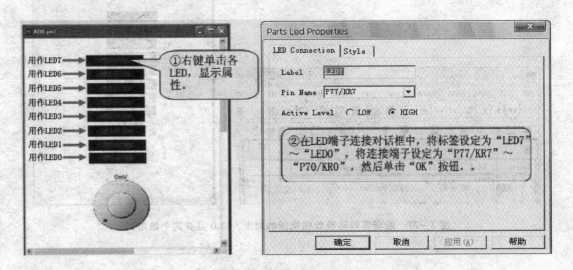

图 2 - 25 设置 LED 端口

3）模拟输入 VR 的设置：

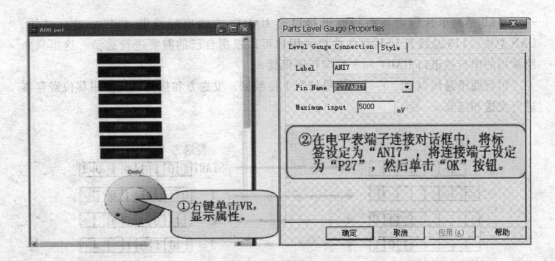

图 2 - 26 设置 VR 端口

执行模拟操作：

① 单击执行按钮。

② 单击手动执行按钮。

③ 向右转方向拖动 VR。

④ 显示输入电压电平。

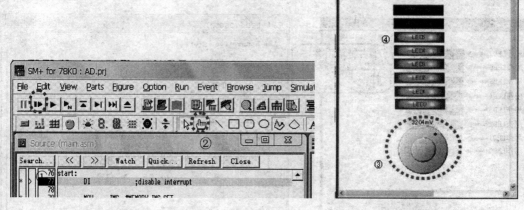

图 2 – 27　能观察到随着旋钮电压的加大，LED 点亮的个数增加

2.7　单片机内部的串行接口

78K0 系列单片机内部串行通讯接口有 UART、3 线串行通讯（SPI）、I^2C 总线、CAN 总线、LIN 总线及 USB 总线接口，用户可以根据自己的需要进行选型。这里只介绍常用的串行通讯口 UART 和 3 线串行通讯接口。

串行通讯总线以固定的时间间隔传送 1 位数据，发送方和接收方均使用移位寄存器进行发送和接收。

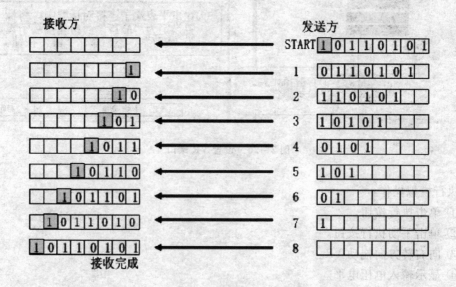

图 2 – 28　串行通讯

2.7.1 异步串行通讯接口

UART 使用 TxD 发送数据，使用 RxD 接收数据。连接示意图如图 2 - 29 所示。

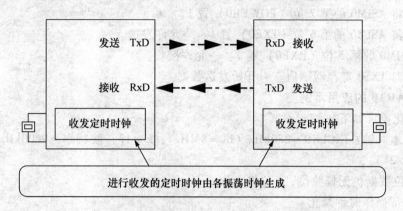

图 2 - 29 串行接口连接

下面说明使用 UART 的异步通信中的数据通信。异步串行通信方式 UART 在不通信时保持高电平，当检查到下降延时开始接收。最初接收到的是起始位，之后连续接收 7 位或者 8 位数据位。如果有奇偶校验位，则紧跟着数据位接收的是奇偶校验位。最后接收的是停止位，该停止位可通过编程设置为 1 位或者 2 位。通信数据帧的帧格式如下：

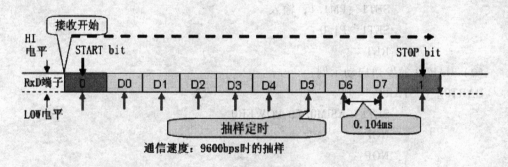

图 2 - 30 串行数据帧

1. UART 通信中使用的寄存器

◇ 接收缓冲寄存器 0（RXB0）

◇ 接收移位寄存器 0（RXS0）

◇ 发送移位寄存器 0（TXS0）

◇ 异步串行接口操作模式寄存器 0（ASIM0）

◇ 异步串行接口接收错误状态寄存器 0（ASIS0）

◇ 波特率发生器控制寄存器 0（BRGC0）

◇ 端口模式寄存器 1（PM1）

2. UART 模式下设置操作的基本过程

（1）设置 BRGC0 寄存器。

（2）设置 ASIM0 的第 1~4 位（SL0、CL0、PS00 和 PS01）。

（3）将 ASIM0 的第 7 位（POWER0）置 1。

（4）将 ASIM0 的第 6 位（TXE0）置 1。→允许发送。

将 ASIM0 的第 5 位（RXE0）置 1。→允许接收。

（5）对 TXS0 寄存器赋值。→开始发送数据。

3. UART0 的应用示例

初始化要求如下：

◇ 基本时钟：fXCLK0 = 250kHz（fX = 8MHz）；k = 13；波特率 = 9600kHz（波特率 = fXCLK0/2k）

◇ 7 位数据，无校验位，1 位停止位

◇ 内部操作时钟禁止

（1）UART0 的初始化：

```
D_ ASIM0        EQU        00H；
D_ BRGC0        EQU        11001101B
UART0_ INIT：
                MOV  BRGC0，#D_ BRGC0；
                MOV  ASIM0，#D_ ASIM0；
                CLR1  PM1.0；输出
                SET1  PM1.1；输入
                SET1  P1.0
                RET
```

（2）UART0 的发送启动示例：

```
UART0_ FSSTART：
                SET1  ASIM0.7；POWER0
                NOP
                NOP
                SET1  ASIM0.6；TXE0
                RET
```

（3）UART0 的停止示例：

```
UART0_ FSSTOP：
                CLR1  ASIM0.6
                NOP
                NOP
                CLR1  ASIM0.7
                RET
```

（4）发送两个字符串的程序示例：

```
PUTOUT_ S：MOVW   HL, #STRING_ CODE
             MOV   A, [HL]
             MOV   TXS0, A ; SEND 'K'
             INCW  HL
PUTOUT_ S00：BTCLR IF0H. 2, $ PUTOUT_ S10
             BR    $ PUTOUT_ S00
PUTOUT_ S10：MOV A, [HL]
             MOV   TXS0, A ; SEND 'E'
PUTOUT_ S20：BTCLR IF0H. 2, $ PUTOUT_ SEND
             BR    $ PUTOUT_ S20
PUTOUT_ SEND：RET
STRING_ CODE：DB 'K', 'E'
```

（5）接收一个字符的示例：

接收启动：

```
UART0_ JSSTART：只接收
             SET1   ASIM0. 7；POWER0
             NOP
             NOP
             SET1   ASIM0. 5 ; RXE0
             RET
```

接收一个字符：

```
GET_ CHAR：
             MOV A, ASIS0
             CMP A, #0
             BZ  $ GET_ CHAR00
             MOV A, ASIS6 ；清错误标志
             MOV A, RXB6
GET_ CHAR00：
             BTCLR IF1L. 1, $ GET_ CHAR
             BR    $ GET_ CHAR00
GET_ CHAR：MOV A, RXB6
             MOV R_ Value, A
             RET
```

（6）中断方式收发的示例：

```
DATA    DSEG saddr
data1：    DB 0aah
data2：    DS 1
```

```
Vect_ CSEG CSEG AT 0000H
        DW START ；主程序
        ORG   0018H
        DW  PUT_ CHAR；发送中断
        ORG   0026H
        DW  GET_ CHAR；接收中断
```

主程序示例：

```
MainCSEG  CSEG
  START：CALL ! UART0_ INIT
        SET1 ASIM0.7 ；POWER0
        NOP
        NOP
        SET1 ASIM0.6 ；TXE0
            SET1 ASIM0.5 ；RXE0
        CLR1 IF0H.2 ；清中断标志
        CLR1 IF1L.1
        CLR1 MK0H.2 ；中断允许
        CLR1 MK1L.1
        EI ；总中断
        MOV  A, data1
        MOV  TXS0, A
        BR   $ $
```

发送中断服务程序：

```
PUT_ CHAR：MOV A, data1
            MOV  TXS0, A
            RETI
```

接收中断服务程序：

```
GET_ CHAR：MOV A, ASIS0
            CMP  A, #0
            BZ   $ GET_ CHAR00
            MOV  A, ASIS6 ；清错误标志
            MOV  A, RXB6
            BR   $ GET_ CHAREND
GET_ CHAR00：MOV A, RXB6
            MOV data2, A
GET_ CHAREND：RETI
```

2.7.2 3 线串行通讯接口

3 线串行接口通过 3 条数据线进行通讯。一条为时钟线，一条数据输出线 SO，一条数据输入线 SI。可以同时进行同步发送和接收，缩短了数据通讯处理时间。在这种通讯方式中，把控制通讯的一方称为主机，并由主机输出时钟信号；而把另外一方称为从机，从机接收来自于主机的时钟信号并在其同步控制下接收数据。硬件连接示意如图 2 – 31 所示。

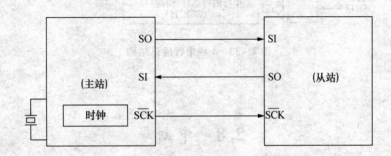

SO：数据发送；SI：数据接收；$\overline{SCK}$：串行时钟

图 2 – 31 3 线串行通讯接口

3 线串行通信方式按照与时钟同步的方式接收数据，可以选择 LSB 或者 MSB。

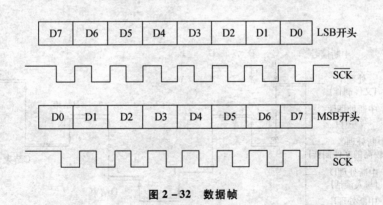

图 2 – 32 数据帧

图 2 – 33 是 3 线串行通讯接口 CSI11 的原理框图。

有关 3 线串行通信的控制以及相关寄存器请参考 78K0 系列 MCU 的用户手册。程序控制方法同样参考 A/D 示例中的方法。

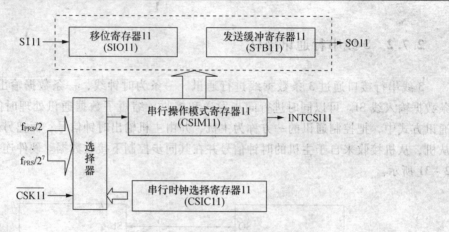

图 2-33   3 线串行通讯结构

2.8   中断

78K0 系列 MCU 有多个中断源。比如外部中断、键盘中断、串行口中断、定时器中断、A/D 中断、软件中断等。每一个内部外设都可以作为一个中断源，通过中断的方式进行数据传输，并且支持多个中断的嵌套，即高优先级的中断可以打断低优先级的中断，待高优先级中断处理结束后再返回到低优先级中断继续执行。处理过程如图 2-34 所示。

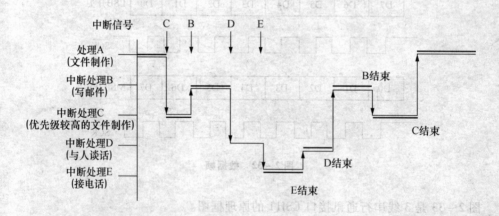

图 2-34   中断

在 CPU 进行中断处理之前，需要进行如下设置：
· 设置中断向量表

将程序的开始地址设置在复位向量中，将各种中断源的中断服务程序入口地址分别设置到相对应的向量表地址中。

·设置中断优先级

当需要中断嵌套时，即处理多重中断时，需要设置中断的优先级。

·中断控制

初始化中断相关的寄存器，进行相关中断源的中断屏蔽或者允许中断控制。并在初始化外设时，将外设的相关中断允许打开。78K0 系列 MCU 采用 3 级中断允许控制。分别为 CPU 总中断控制（PSW 中的 IF 位）、中断屏蔽寄存器相关位的控制、外设本身寄存器中相关的中断允许/屏蔽控制。

·允许中断

一切初始化结束后，执行 EI 指令允许 CPU 中断。

当然在此之前，需要编写中断服务程序。中断服务程序首先要处理的是保护现场，除 MCU 自动入栈保护的寄存器以及断点以外，需要将中断服务程序中用到的寄存器以及不希望变化的全局变量入栈保护，然后再编写需要在中断服务程序中进行的处理程序，最后将入栈保护的内容出栈，并执行 RETI 指令返回到断点处。

1. 中断类型

（1）可屏蔽中断：通过设置优先级指定标志寄存器（PR0L，PR0H，PR1L，PR1H）将可屏蔽中断分为高优先级中断组和低优先级中断组。支持中断嵌套，可以释放 STOP 和 HALT 模式。μPD78F0547D 的可屏蔽中断包括 9 个外部中断请求和 20 个内部中断请求。

（2）软件中断：非屏蔽中断，执行 BRK 指令产生，没有优先级控制。

（3）复位：NEC 微处理器将复位当做中断源处理，当发生复位时，中断向量表中 0000H 和 0001H 地址中的复位向量设置到 PC 中。

2. 中断源

78K0 单片机有多种中断源，每个外设都可以作为一个中断源。表 2－3 是 78K0547D 的中断源列表。

3. 中断使用的寄存器

◇ 中断请求标志寄存器（IF0L，IF0H，IF1L，IF1H）（1 有请求）

◇ 中断屏蔽标志寄存器（MK0L，MK0H，MK1L，MK1H）（1 屏蔽）

◇ 优先级指定标志寄存器（PR0L，PR0H，PR1L，PR1H）（1 为低）

◇ 外部中断上升沿使能寄存器（EGP）

◇ 外部中断下降沿使能寄存器（EGN）

◇ 程序状态字（PSW）

4. 中断向量表的设置

中断向量表用于存放中断服务程序的入口地址。例如外部中断 INTP0 ~ INTP5 对应的向量表地址如表 2－3 所示。

表 2-3　中断源列表

中断类型	默认优先级	中断源		内部/外部	向量表地址	基本配置类型
		名称	触发器			
可屏蔽的	0	INTLV1	低压检测	内部	0004H	(A)
	1	INTP0	引脚输入脉冲沿检测	外部	0006H	(B)
	2	INTP1			0008H	
	3	INTP2			000AH	
	4	INTP3			000CH	
	5	INTP4			000EH	
	6	INTP5			0010H	
	7	INTSRE6	UART6 产生接收错误	内部	0012H	(A)
	8	INTSR6	UART6 接收结束		0014H	
	9	INTST6	UART6 发送结束		0016H	
	10	INTCS110/INTST0	CS110 通信结束/UART0 通信结束		0018H	
	11	INTTMH1	TMH1 与 CMP01 匹配（指定比较寄存器）		001AH	
	12	INTTMH0	TMH0 与 CMP00 匹配（指定比较寄存器）		001CH	
	13	INTTM50	TM50 与 CR50 匹配（指定比较寄存器）		001EH	
	14	INTTM000	TM50 与 CR000 匹配（指定比较寄存器）T1010 引脚有效沿检测（指定捕捉寄存器）		0020H	
	15	INTTM010	TM00 与 CR010 匹配（指定比较寄存器）T1000 引脚有效沿检测（指定捕捉寄存器）		0022H	
	16	INTAD	A/D 转换结束		0024H	
	17	INTSR0	UART0 接收结束或产生接收错误		0026H	
	18	INTWTI	钟表定时器参考时间间隔信号		0028H	
	19	INTTM51	TM51 与 CR51 匹配（指定比较寄存器）		002AH	
	20	INTKR	按键中断检测		002CH	(C)
	21	INTWT	钟表定时器溢出	外部	002EH	(A)
	22	INTP6	引脚输入脉冲沿检测	内部	0030H	(B)
	23	INTP7		外部	0032H	

续表

中断类型	默认优先级	中断源		内部/外部	向量表地址	基本配置类型
		名称	触发器			
可屏蔽的	24	INTIIC0/INTDMU	IIC0 通信结束/乘法/除法操作结束	内部	0034H	(A)
	25	INTCS111	CS111 通信结束		0036H	
	26	INTTMQ01	TM01 与 CR001 匹配（指定比较寄存器）T1011 引脚有效沿检测（指定捕捉寄存器）		0038H	
	27	INTTM011	TM01 与 CR011 匹配（指定比较寄存器）T1001 引脚有效沿检测（指定捕捉寄存器）		003AH	
	28	INTACSI	CSIA0 通信结束		003CH	
软件	–	BRK	执行 BRK 指令	–	003EH	(D)
复位	–	RESET	复位输入	–	0000H	–
		POC	上电清零			
		LVI	低压检测			
		WDT	WDT 溢出			

表 2-4 向量表地址

中断源名称	向量表地址
INTP0	0006H
INTP1	0008H
INTP2	000AH
INTP3	000CH
INTP4	000EH
INTP5	0010H

使用汇编语言设置中断向量的程序如下所示。该程序示例设置的是 INTP0 的中断服务程序入口地址。在设置中断向量表之前，需要在 .c 文件中编写中断服务程序，并使用汇编伪指令#pragma interrupt 声明该中断服务程序。

```
#pragma interrupt INTP0_ ISR
_ interrupt void INTP0_ ISR (void)
{

    /* 中断服务程序代码 */
```

```
}
ORG   0006H ；定位向量表的地址
DW   INTP0_ ISR
```

5. 允许中断

设置中断屏蔽寄存器，打开相应的中断，并清除中断标志寄存器，以避免不必要的中断发生。

（1）设置 MK0 或者 MK1 寄存器。将中断源在 MK0 或者 MK1 中对应的位清为零，开中断。如上述 INTP0 对应的位如图 2-35 所示。则需要将 MK0L 寄存器中的 PMK0 位清除为 0，开 INTP0 中断。

中断源	中断请求标志		寄存器	中断屏蔽标志		寄存器	优先级指定标志		寄存器
INTLV1	LVIIF		IFOL	LVIMK		MK0L	LVIPR		PROL
INTP0	PIF0			PMK0			PPR0		
INTP1	PIF1			PMK1			PPR1		
INTP2	PIF2			PMK2			PPR2		
INTP3	PIF3			PMK3			PPR3		
INTP4	PIF4			PMK4			PPR4		
INTP5	PIF5			PMK5			PPR5		
INTSRE6	SREIF6			SREMK6			SREPR6		
INTSRE6	SRIF6		IFOH	SRMK8		MK0H	SREPR8		PROH
INTST6	STIF6			STMK8			SREPR8		
INTCSI10	CSIIP10 #1	DUALIFO #1		CSIMK10 #2	DUALMK0 #2		CSIPR10 #3	DUALPR0 #3	
INTST0	STIF0 [#1]			STMK0 [#2]			STPR0 [#3]		
INTMH1	TMIFH1			TMMKH1			TMPRH1		
INTTMH0	TMIFH0			TMMKH0			TMFRH0		
INTTM50	TMIF50			TMMK50			TMFR50		
INTTM000	TMIF000			TMMK000			TMFR000		
INTTM010	TMIF010			TMMK010			TMFR010		

图 2-35　中断寄存器

（2）清除 IF0 或者 IF1 寄存器。在开总中断之前，清除中断请求标志寄存器以免开中断时发生不必要的中断响应。如 INTP1 对应与 IF0L 中的 PIF1 位，清除该位为 0。

（3）允许 CPU 中断。允许 CPU 中断，即总中断。设置 PSW 寄存器中的 IF 为 1，开中断，指令为 EI。

6. 中断的应用

图 2－36 就是使用外部中断（INTP0）功能作为按钮控制的应用示例。

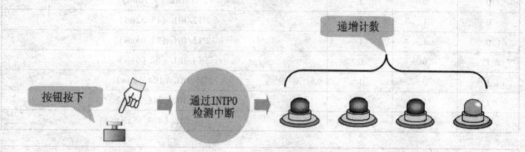

图 2－36　中断的应用示例

2.9　选项字节

　　78K0/Kx2 系列 MCU 在打开电源时或者在复位后，会自动参考选项字节执行一些指定功能的设定。选项字节的地址为 0080～0084H。

1. 地址 0080H

（1）设置低速内部振荡器的操作。

（2）监视定时器的设定。

7	6	5	4	3	2	1	0
0	WINDOWI	WINDOW0	WDTON	WDCS2	WDCS1	WDCS0	LSROSC

WINDOW1	WINDOW0	监视定时器的窗口打开期间
0	0	25%
0	1	50%
1	0	75%
1	1	100%

WDTON	监视定时器的计数器/非法访问检测操作控制
0	禁止计数器操作（复位解除后，停止计数），禁止非法访问检测操作
1	允许计数器操作（复位解除后，开始计数），允许非法访问检测操作

WDCS2	WDCS1	WDCS0	监视定时器溢出时间
0	0	0	2^{10}/fRL (3.88ms)
0	0	1	2^{11}/fRL (7.76ms)
0	1	0	2^{12}/fRL (15.52ms)
0	1	1	2^{13}/fRL (31.03ms)
1	0	0	2^{14}/fRL (62.06ms)
1	0	1	2^{15}/fRL (124.12ms)
1	1	0	2^{16}/fRL (248.24ms)
1	1	1	2^{17}/fRL (498.48ms)

LSROSC	低速内置振荡器的操作
0	可利用软件停止（通过在 RCM 寄存器的 0 位（LSRSTOP）中写入 1 进行停止）
1	不可停止（即使在 LSRSTOP 位中写入 1 也不停止）

图 2-37　0080H 选项字节设置

2. 地址 0081H

POC 模式的选择。

7	6	5	4	3	2	1	0
0	0	0	0	0	0	0	POCMODE

POCMODE	POC 模式的选择
0	1.59V POC 模式（默认）
1	2.7V/1.59V POC 模式

图 2-38　0081H 选项字节设置

3. 地址 0082H 和 0083H

保留区域，设置为 00H。

4. 地址 0084H

片上调试操作控制。

7	6	5	4	3	2	1	0
0	0	0	0	0	0	OCDEN1	OCDEN0

OCDEN1	OCDEN0	片上调试操作控制
0	0	禁止操作
0	1	禁止设定
1	0	允许操作，片上调试安全 ID 认证失败时，不删除闪存中的数据
1	1	允许操作，片上调试安全 ID 认证失败时，删除内存中的数据

图 2-39　0084H 选项字节设置

第3章 实验环境

以 μpd78F0547D 微处理器为核心的嵌入式系统开发平台为设计工程师及高校的教学实践提供了一个多功能的人机交互平台，系统构建了多种外围硬件，通过对 μpd78F0547D 编程可以轻松地实现对外围硬件的控制。

可使用 PM + 编译用户程序，使用 QB – 78K0MINI 进行在线调试。也可以使用 SM + 进行软件模拟。

3.1 教学板硬件概述

3.1.1 教学板及附件

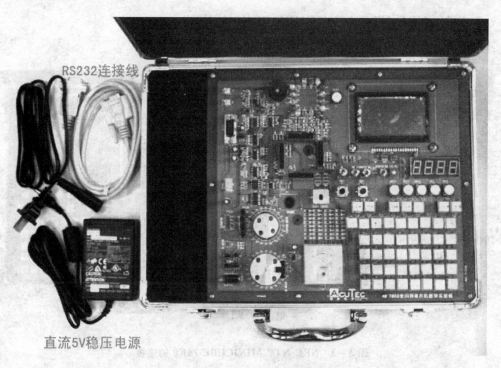

RS232连接线

直流5V稳压电源

图 3 – 1　教学板示例

3.1.2　NEC AF/SP–1 编程器的连接

连接PC的
USB接口

接100-240V
交流电源

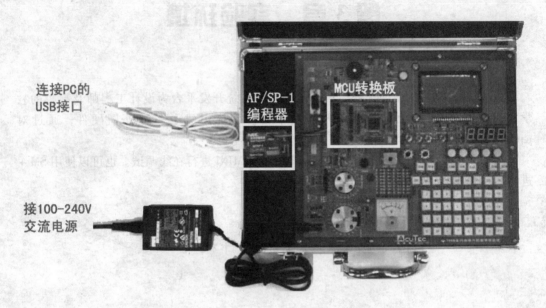

图 3 – 2　NEC AF/SP – 1 编程器的连接

3.1.3　NEC NTC MINICUBE 78K0 的连接

连接PC的
USB接口

NTC MINICUBE 78K0

接100-240V
交流电源

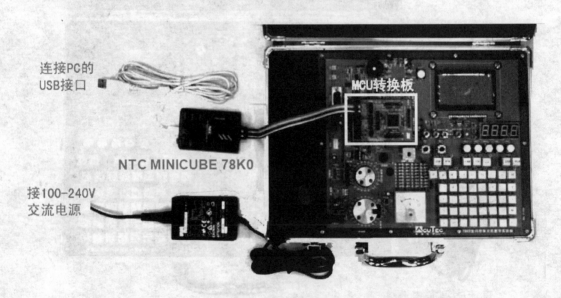

图 3 – 3　NEC NTC MINICUBE 78K0 的连接

3.1.4 教学板配置图

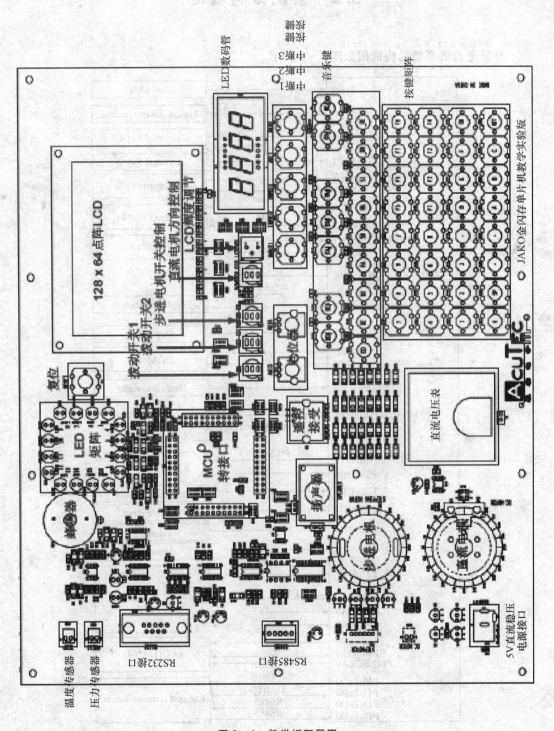

图 3－4 教学板配置图

3.2 系统结构框图

开发平台的系统结构框图如图 3 – 5 所示。

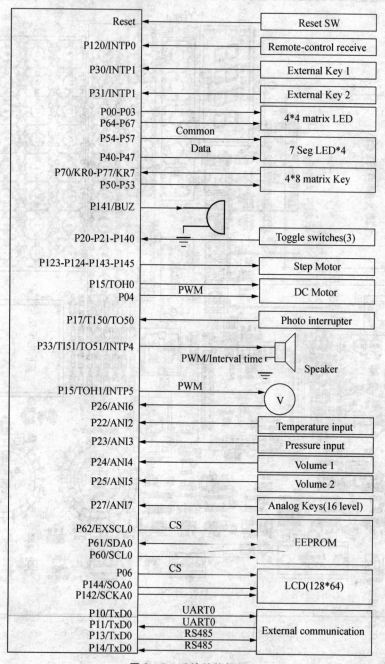

图 3 – 5 系统结构框图

3.3 存储器映射图

3.3.1 存储器组

选择 8000H ~ BFFFH 存储空间的一个存储器组，μpd78F0547D D 包括一个容量为 96KB 或 128KB 的 ROM。μpd78F0547D 的存储器组为 0 ~ 5，如图 3 - 6 所示。

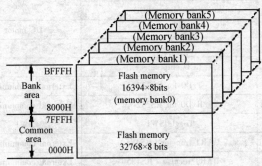

图 3 - 6 存储器组

3.3.2 存储器映射

μpd78F0547D 的存储器映射如图 3 - 7 所示。

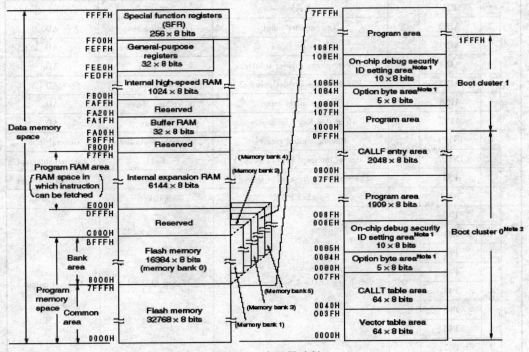

图 3 - 7 存储器映射

3.4 I/O 映射

1. P0，P1，P2，P3，P4，P5

Port		Function	I/O	Pin function	I/O device	Chip function info.
0	0	P00		4×4 Matrix LED	Matrix LED	General output
	1	P01		4×4 Matrix LED		General output
	2	P02		4×4 Matrix LED		General output
	3	P03	O	4×4 Matrix LED		General output
	4	P04		DC motor	DC motor	General output
	5	P05		unused	–	General output
	6	P06		LCD chip select	LCD	General output
1	0	SCK10	O	TxD0 for RS232	External communication	UART0
	1	SI10	I	RxD0 for RS232	External communication	UART0
	2	SO10	I	Toggle SW1	SW1	General input
	3	TxD6	O	UART transfer（RS485）	External communication	UART6
	4	RxD6	I	UART receive（RS485）	External communication	UART6
	5	TOH0	O	DC motor PWM	DC Motor	PWM
	6	TOH1	O	Voltage meter PWM	Voltage meter	PWM
	7	TI50	I	Connect to DC motor's photo – interrupter	DC Motor	Timer input capture
2	0	P20		Key4	Key4	General input
	1	P21		Key5	Key5	General input
	2	AIN2		Temperature input	Temperature sensor	AD
	3	AIN3	I	Pressure input	Pressure sensor	AD
	4	AIN4		Power voltage divider volume1	Volume1	AD
	5	AIN5		Power voltage divider volume2	Volume2	AD
	6	AIN6		Voltage meter input	Voltage Meter	AD
	7	AIN7		16 analog Key（for music）	16 Key	AD
3	0	INTP1		Remote control receive	Remote controller	General input
	1	INTP2	I	External interrupt key1（Debug）	Key1	External interrupt
	2	P32		External interrupt key2（Debug）	Key2	External interrupt
	3	TO51	O	Speaker PWM	Speaker	PWM
4	0	P40				
	1	P41				
	2	P42				
	3	P43	O	7 Seg LED ＊ 4 Seg control	7 Seg LED ＊ 4	General output
	4	P44				
	5	P45				
	6	P46				
	7	P47				

续表

Port		Function	I/O	Pin function	I/O device	Chip function info.
5	0	P50	O	4 × 8 Key – matrix scan signal	Matrix Key	General output
	1	P51		4 × 8 Key – matrix scan signal	Matrix Key	
	2	P52		4 × 8 Key – matrix scan signal	Matrix Key	
	3	P53		4 × 8 Key – matrix scan signal	Matrix Key	
	4	P54		7 Seg LED * 4 COMMON	7 Seg LED * 4	
	5	P55		7 Seg LED * 4 COMMON	7 Seg LED * 4	
	6	P56		7 Seg LED * 4 COMMON	7 Seg LED * 4	
	7	P57		7 Seg LED * 4 COMMON	7 Seg LED * 4	

2. P6，P7，P12，P13，P14

Port		Function	I/O	Pin function	I/O device	Chip function info.
6	0	P60	O	EEPROM Clock	EEPROM	General input
	1	P61		EEPROM data		
	2	P62		EEPROM CS		
	3	P63	I	Toggle SW2	SW2	
	4	P64	O	4 × 4 Matrix LED COMMON	Matrix LED	
	5	P65		4 × 4 Matrix LED COMMON		
	6	P66		4 × 4 Matrix LED COMMON		
	7	P67		4 × 4 Matrix LED COMMON		
7	0	P70/KR0	I	4 × 8 Key – matrix scan signal	Matrix Key	General input
	1	P71/KR1		4 × 8 Key – matrix scan signal		
	2	P72/KR2		4 × 8 Key – matrix scan signal		
	3	P73/KR3		4 × 8 Key – matrix scan signal		
	4	P74/KR4		4 × 8 Key – matrix scan signal		
	5	P75/KR5		4 × 8 Key – matrix scan signal		
	6	P76/KR6		4 × 8 Key – matrix scan signal		
	7	P77/KR7		4 × 8 Key – matrix scan signal		
12	0	INTP0	I	External interrupt key3	Key3	External interrupt
	1	P121		Debug（osc）		DEG
	2	P122		Debug（osc）		DEG
	3	P123（RTP0）		Step motor excitation signal	Step Motor	General output
	4	P124（RTP2）		Step motor excitation signal		General output
13	0	P130	O	Unused		
14	0	P140	I	DC motor direction control（Toggle SW）	DC motor	General Input
	1	BUZ	O	BUZZER OUT	BUZZER	General output
	2	/SCKA0	O	LCD	LCD	3 – Serial port
	3	P143（RTP1）		Step motor excitation signal	Step Motor	General output
	4	SOA0		LCD	LCD	3 – Serial port
	5	P145（RTP3）		Step motor excitation signal	Step Motor	General output

第4章 系统开发环境介绍

在本课程的实验中统一用到的软硬件设施如下：

➤ 硬件：NEC 78K0 嵌入式开发板、QB - 78K0MINI 仿真器、PC 机（操作系统：windows98、windows98se、windows2000 等）

➤ 软件：NEC 78K0 系列产品的集成开发环境。开发环境软件如表4 - 1 所示：

表4 - 1 软件列表

软件名称	参考文档	文档编号
CC78K0	CC78K0 UM	U16613E
RA78K0	RA78K0 UM	U16629E
System simulator SM + for 78K0/Kx2	SM + System Simulator for Operation	U16768E
PMplus E5. 10	PMplus E5. 10 UM	U16569E
Integrated debugger ID78K0 - QB	ID78K0 - QB Ver. 2. 90 for Operation	U17437E
df780547_ v200	—	—

4.1 开发环境概述

该实验系统开发中可以使用下列开发工具。图4 - 1 显示了开发系统的组成。

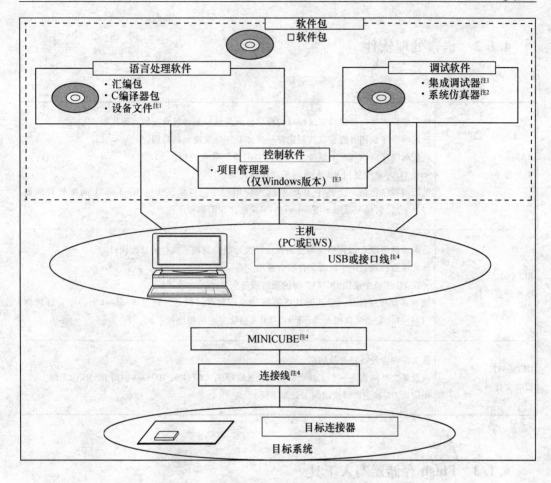

图 4 – 1　开发工具

注：1. 从开发工具下载网站（http：//www. necel. com/micro/en/ods/）下载 78K0/Kx2 + 微控制器的设备文件（DF780547）和集成调试器 ID78K0 – QB for MINICUBE。

2. 有两种系统仿真器版本，78K0 的 SM + （指令仿真版本）和 78K0/Kx2 + 的 SM + （指令 + 外围仿真版本）。

3. 项目管理器 PM + 包含在汇编包中。PM + 不能用于 Windows™ 以外的操作系统。

4. 带编程功能的片上仿真器 QB – 78K0MINI 提供 USB 接口线和连接线。此外，QB – 78K0MINI 的操作软件可以从开发工具下载网站（http：//www. necel. com/micro/en/ods/）下载。

4.1.1　软件包

SP78K0 78K0 微控制器软件包	78K0 微控制器通用开发工具（软件）合成在这个包里。

4.1.2 语言处理软件

RA78K0 汇编程序包	该汇编程序将以助记符方式编写的程序转换为微控制器可执行的目标代码。 该汇编程序也拥有能够自动创建符号表和最佳分支指令的功能。 该汇编程序应该与一个设备文件（DF780547）联合使用。 ＜在 PC 环境中使用 RA78K0 时的预防措施＞ 该汇编程序包是一个基于 DOS 系统的应用程序。但是，通过 Windows 上的项目管理器 （PM＋），它也可以用于 Windows。PM＋包含在汇编程序包里。
CC78K0 C 编译程序包	该编译器将以 C 语言格式编写的程序转换为微控制器可执行的目标代码。 该编译器应该与一个设备文件联合使用。 ＜在 PC 环境中使用 CC78K0 时的预防措施＞ 该 C 编译程序包是一个基于 DOS 系统的应用程序。但是，通过 Windows 上的项目管理器 （PM＋），它也可以用于 Windows。PM＋包含在汇编程序包里。
DF780547 设备文件	该文件包含设备特有的信息。 该设备文件应该与一个工具联合使用（RA78K0，CC78K0，ID78K0 – QB for MINICUBE）。 相应的 OS 和主机因使用的工具而不同。

4.1.3 Flash 存储器写入工具

1. 当使用 flash 存储器编程器 PG – FP5 和 FL – PR5 时

FL – PR5，PG – FP5 Flash 存储器编程器	这是一个专门用于集成了 flash 存储器的微控制器的 flash 编程器。

注：FL – PR5 和 FA – 78F9202MA – CAC – RX 是 Naito Densei Machida Mfg. Co.，Ltd 的产品（http：//www. ndk
– m. co. jp/，e – mail：info@ ndk – m. co. jp）。

2. 当使用带编程功能的片上调试仿真器 QB – 78K0MINI 时

QB – 78K0MINI 带编程功能的片上调 试仿真器	这是一个专门用于带片上 flash 存储器微控制器的 flash 存储器编程器。当使用 78K0/Kx2＋ 微控制器开发应用系统时，它也可以用于调试硬件和软件的片上调试仿真器。当将其用作 flash 存储器编程器时，应该与一个转换板和一个用于连接主机的 USB 线一起使用。

4.1.4　调试工具（硬件）

QB - 78K0MINI 带编程功能的片上调试仿真器	当使用 78K0/Kx2 + 微控制器开发应用系统时，该片上调试仿真器用于调试硬件和软件。它也可以专门用作带片上 flash 存储器微控制器的 flash 编程器。

4.1.5　调试工具（软件）

ID78K0 - QB for MINICUBE 集成调试器	该调试器支持 78K0S/Kx1 + 微控制器的在线仿真器。ID78K0S - QB 是基于 Windows 操作系统的软件。 提供的调试功能支持 C 语言、源程序编辑、反汇编显示和存储器显示。 它应该和设备文件（DF789234）一起使用。
SM + for 78K0 SM + for 78K0/Kx2 + 系统仿真器	系统仿真器是基于 Windows 操作系统的软件。 当在主机上仿真目标系统的操作时，它用于执行在 C 源程序水平或汇编程序水平的调试。 系统仿真器的使用允许应用逻辑测试的执行和与硬件开发无关的性能测试，所以可以提供更高的开发效率和软件质量。 系统仿真器应该和设备文件（DF780547）一起使用。 可以使用下列两类支持 78K0/Kx2 + 的系统仿真器类型： ·SM + for 78K0（指令仿真版本） 它只能仿真一个 CPU。它包含在软件包里。 ·SM + for 78K0/Kx2 +（指令 + 外围仿真版本） 它可以仿真一个 CPU 和外围硬件（端口、定时器、串行接口等）。

4.2　可以自动生成代码的系统配置功能——Applilet

4.2.1　Applilet 的简述

Applilet 是能够快速、简单、有效地对单片机的各种功能进行初始化设置的软件。

在通过 Applilet 生成程序时，可以脱离器件内部寄存器的繁琐设定。

使用时，在软件的用户界面上设置需要使用的单片机模块，生成代码，再根据需要增加或改变代码，然后用 PM 对工程进行编译和调试。

4.2.2　Applilet 的操作

在这里，我们尝试通过只在 Applilet 生成的代码中加入一行代码来完成应用程序。程序是通过光遮断器产生的中断使单片机板上的 7 段 LED 显示递增数值。

1. 启动 Applilet

点击桌面上的 Applilet 图标启动 Applilet。

图 4 - 2　Applilet 图标及启动界面

2. 生成文件

从 [File] 中选择 [New...]，选择使用的单片机。

图 4 - 3　在 Applilet 中选择目标芯片

3. 选择功能模块

设置这次需要使用的 System、INT、PORT 各功能模块。

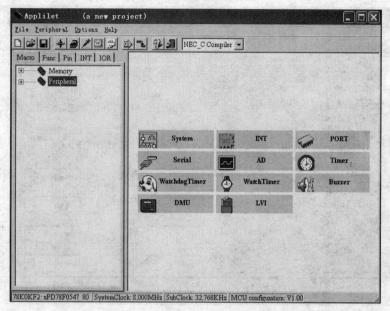

图 4-4　Applilet 的 Macro 界面

4. 设定时钟

设置系统时钟为 8MHz 内部高速振荡器。

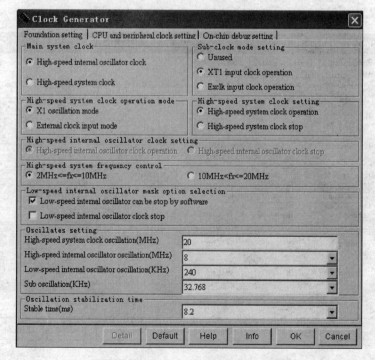

图 4-5　时钟设置界面

5. 设定 INT

用 INTP4 作为光遮断器输出端，选择 INTP4 并点击 OK。

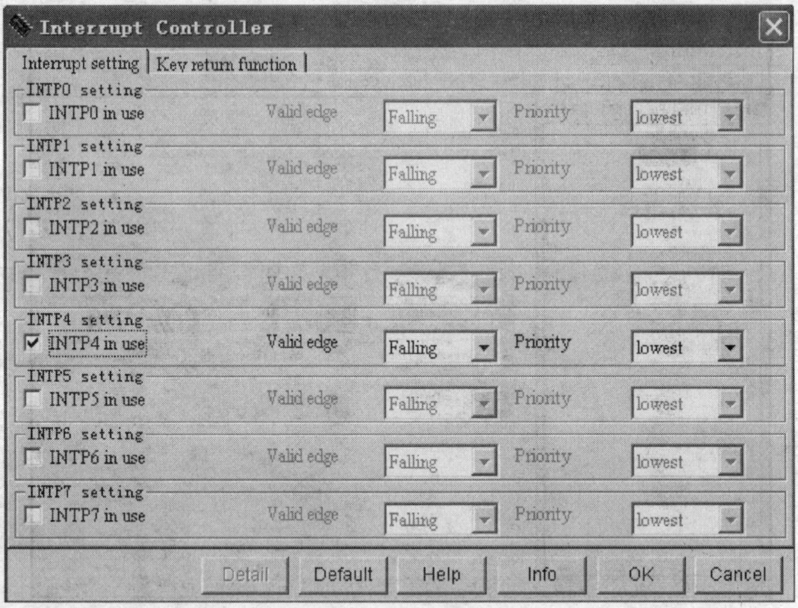

图 4 - 6　Applilet 的 INT 的设置界面

6. 设定 PORT

因为是使用 PORT0 驱动 7 段 LED，所以选择 PORT0。另外因为输出 "0" 是点亮，如果在初期设置时全部熄灭，则选定 "1"，然后点击 OK。

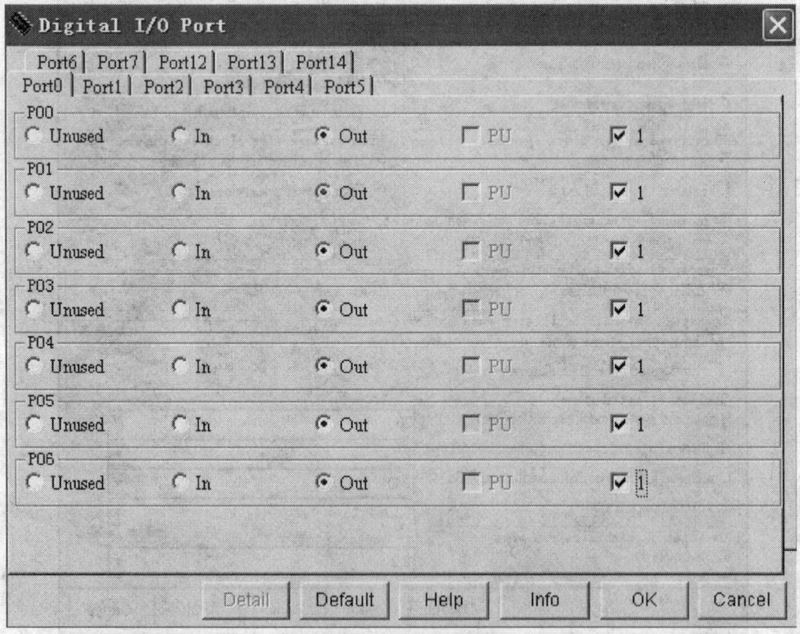

图 4 - 7　Applilet 的 PORT 的设置界面

7. 确认设定

设定的功能模块变成蓝色。

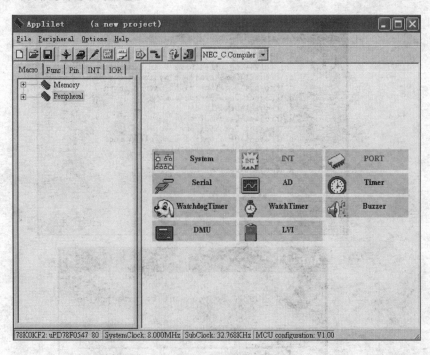

图4-8 Applilet 的确认设定界面

8. 生成源程序文件

从［File］中选择［Generate Source Code...］，选择保存路径。

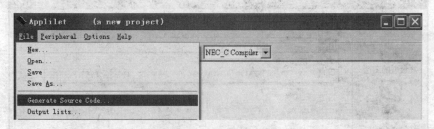

图4-9 生成源程序文件

然后选择想要保存的路径。

图4-10 选择保存路径

9. 关闭 Applilet

10. 确认生成的文件名后，保存工程然后关闭 Applilet

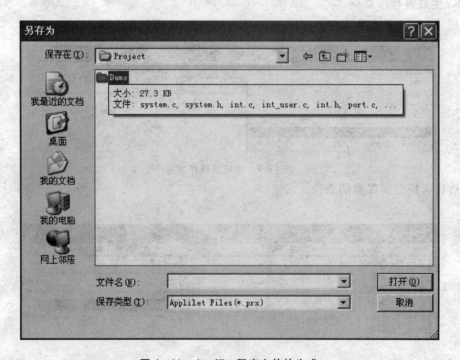

图 4 −11   Applilet 程序文件的生成

4.2.3　加载到 PM Plus

1. 打开工程

从［File］中选择［Open Workspace...］，打开生成的 mdt. prw。

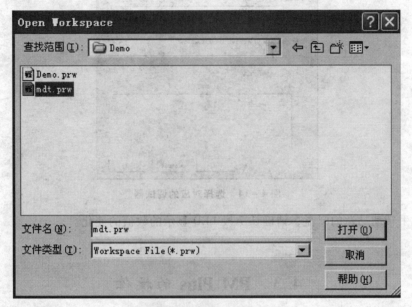

图 4-12　用 PM + 打开工程

2. 修改源程序

双击打开源程序文件［INT_ user. c］，中断函数［MD_ INTP4］中插入 P5--。

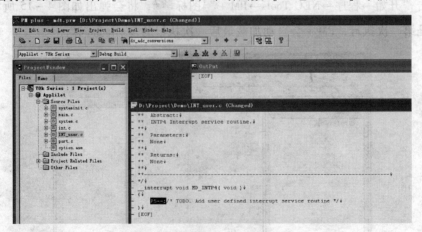

图 4-13　在 PM + 中修改源程序

3. 编译以及调试

用 PM plus 进行编译，如果没有错误就启动调试软件（debugger）确认程序的运行情况。如果还没有选择调试软件，请自行设定。

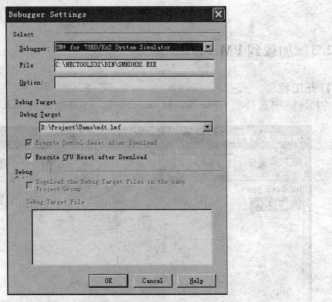

图 4-14　选择对应的调试器

通过手转动马达的圆盘，请确认 7 段 LED 显示的数值的变化。

4.3　PM Plus 的操作

1. 启动 PM Plus

点击"开始→程序→NEC Tools→PM +"图标，将会弹出如图 4-15 所示界面。如果不是第一次执行，PM + 会自动加载最后一次执行的 Workspace。

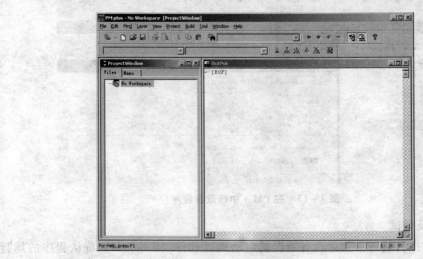

图 4-15　启动 PM +

2. 新建 Workspace

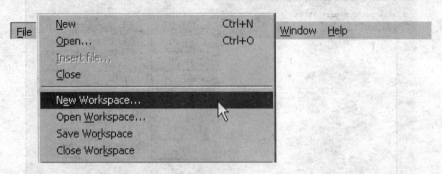

图 4 – 16 新建 Workspace

要使用 PM + 管理项目，之前必须先建立一个 Workspace。选择"File"菜单中的"New Workspace..."，将打开新建对话框。

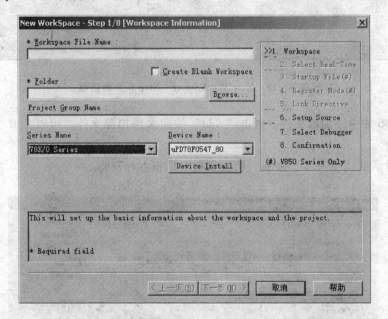

图 4 – 17 New WorkSpace – Step 1/8 对话框

Step1/8 对话框中设置如下内容：

Workspace File Name：	新建的 Workspace 名称。这个名称将显示在标题栏上。
Folder：	所有工程文件的存放目录。
Project Group Name：	新加入的 Project Group 名字。
Series Name：	Project 使用的设备系列名称。下拉菜单提供已安装的所有设备系列。
Device Name：	Project 对应的设备名称。下拉菜单提供已安装的所有设备名称。

填好设置，点击"下一步"按钮，出现创建对话框 Step6/8。

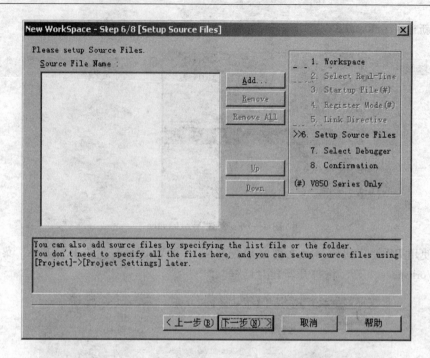

图 4 – 18　New WorkSpace – Step 6/8 对话框

在 Step6/8 中添加源文件。点击"Add"按钮来添加源文件，可以是 C 文件或汇编文件。

点击对话框"下一步"按钮，出现创建对话框 Step7/8。

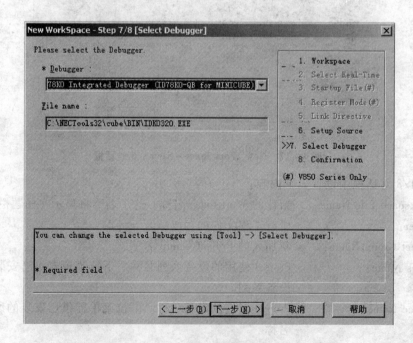

图 4 – 19　New WorkSpace – Step 7/8 对话框

对话框 Step7/8 中选择调试器，下拉菜单提供了已安装的所有调试器。如果使用系统仿真器 SM + for 78K0/Kx2 + 用于调试，则在上述 debugger 下拉窗口中选择 SM + for 78K0/Kx2 + Systern Simulator。

点击对话框"下一步"按钮，出现创建对话框 Step8/8。

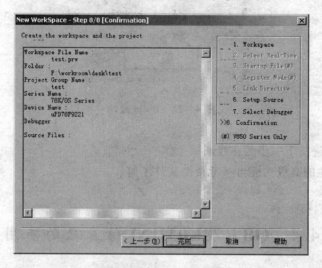

图 4 - 20　New WorkSpace - Step 8/8 对话框

对话框 Step8/8 是创建完成信息对话框。

点击"完成"，一个全新的 WorkSpace 就建立好了。

3. Build 工程

根据设置的不同，Build 一个工程将产生二进制代码文件（∗.lmf），或是库文件（∗.lib）。

Build 工程只需点击 Build 按钮 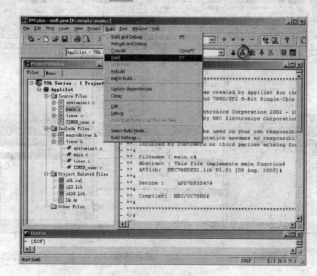，或是从菜单中选择"Build→Build"。

图 4 - 21　Build 工程

如果编译链接都正确，那么会出现消息框。

图 4 – 22 Build 成功

此时，可以进行下一步的在线调试工作。

PM Plus 其他的高级功能可参考帮助文件了解。

4.4 QB – 78K0MINI 仿真器的使用

4.4.1 界面介绍

ID78K0 – QB for MINICUBE 的主界面各个窗口介绍如下。

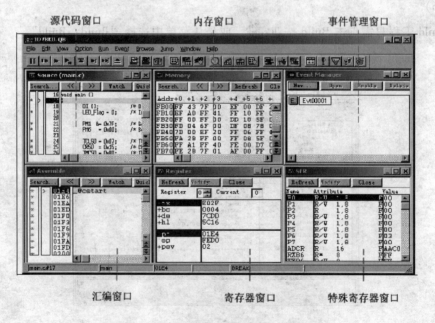

图 4 – 23 ID78K0 – QB 的各个窗口

其中调试工具栏的按钮说明如下，基本上我们绝大多数的调试工作都可以用这些按钮来实现。灰色的是 MINICUBE 所不支持的功能，如果需要使用这些高级功能选项，请使用 IECUBE 等硬件。

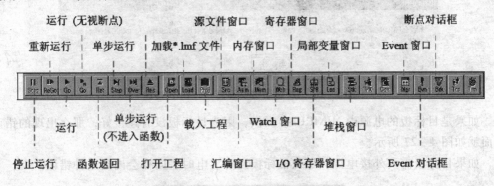

图 4 - 24　调试工具栏的按钮说明

4.4.2　使用 QB - 78K0MINI 仿真器

1. 硬件环境建立

连接 QB - 78K0MINI 仿真器和 NEC 78K0 嵌入式开发板，将 QB - 78K0MINI 仿真器连接至 PC，最后为 NEC 78K0 嵌入式开发板供电。这样实验环境建立起来了。

2. 启动 ID78K0 - QB for MINICUBE

打开 ID78K0 - QB for MINICUBE 程序，在 "Chip" 一栏中选择 78F0547_ 80。如果下拉框里面没有 78F0547_ 80 的选项，说明该芯片的设备文件没有被正确安装，请先安装设备文件。

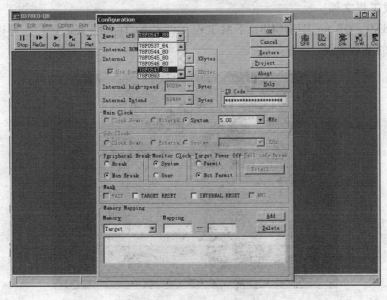

图 4 - 25　目标芯片的选择

如果出现如图 4 – 26 的信息提示，原因是 USB 连线没有接好。请检查 USB 连线与主机的接口，以及 USB 连线与 MINICUBE 之间的连接情况。

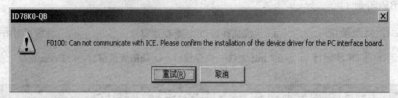

图 4 – 26　ID 启动错误界面——USB 接线

如果是目标板的电源由 MINICUBE 提供，因为目标板没有连接好，那么出现的错误界面就如图 4 – 27 所示。

如果目标板需要外接电源，那么目标板没有上电时，同样会出现这种错误。

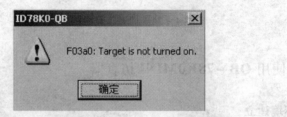

图 4 – 27　ID 启动错误界面——目标板未正确连接

对于以上两种错误，可以从 MINICUBE 的指示灯上迅速做出判断：

如果是图 4 – 26 的错误发生，那么 MINICUBE 的红色电源（POWER）灯处于熄灭状态，连接正确后，电源指示灯才会点亮。

MINICUBE 中间的绿色目标（TARGET）灯是用于指示目标板的连接情况，如果是目标板的连接出现了问题或者目标板没有上电，那么中间的目标指示灯就不会亮。

3. 下载工程文件

用 ID78K0 – QB for MINICUBE 下载工程文件 "NCTmini＿ test. lmf"，可以看到如图 4 – 28 所示的下载界面。

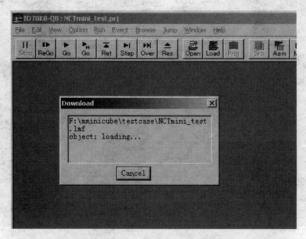

图 4 – 28　ID78K0 – QB for MINICUBE 的下载界面

下载完成之后，可以使用 file 打开主程序界面，此时便可以进行在线调试了。具体的调试方法参见帮助文件。

图 4 – 29　ID78K0 – QB for MINICUBE 程序主界面

点击图 4 – 29 中的菜单栏按钮 "REGO"，"GO" 或者 "GO – N"，程序开始运行，程序处于运行状态时，软件最底部的状态栏全都是红色的。

4.4.3　在 ID78K0 – QB for MINICUBE 中调试

1. 在源文件中设置断点

每行程序左边都有一个 "＊" 标识，鼠标左键点击 "＊" 号，就在该行设置了断点。这样，行号左边的 "＊" 标识变为蓝色的 "B"，表示成功设置了一个软件断点。如果该行不是当前运行命令行，那么显示为红色。如果断点设置在当前运行命令行，那么此行仍然显示为黄色。

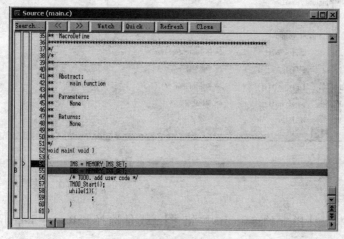

图 4 – 30　设置断点

2. 执行程序

要执行程序，点击主窗体工具栏上的执行按钮▶，或者选择"Run→Go"。

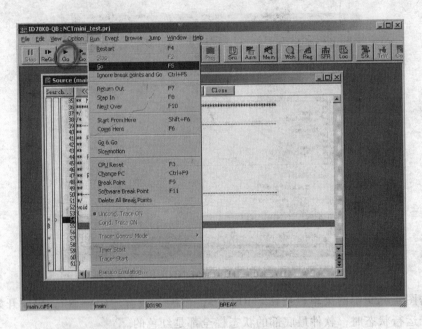

图 4 – 31 执行程序

程序执行到断点处将会停止。要去掉断点，只需左键点击"B"标号即可。

还有一个无视断点运行的功能，点击"Run→Ignore break points and Go"，那么不论有多少断点，程序都会连续运行，完全忽略断点的作用。

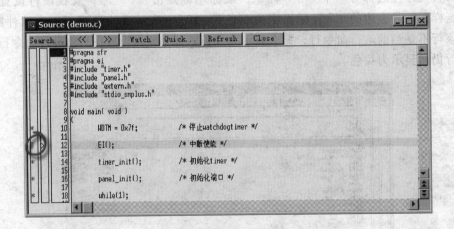

图 4 – 32 清除断点

3. 单步执行

点击主窗体工具栏上的 Step In 按钮 ▶|，或是选择"Run→Step In"，进行单步执行。

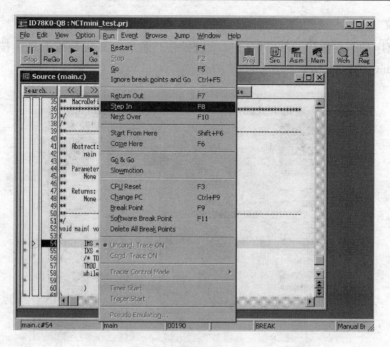

图 4-33 单步执行

Step In 按钮 把源文件的一行作为一步来执行，遇到函数调用，则进入函数的代码，逐行执行。

Next Over 按钮 也是把源文件的一行作为一步来执行，但在函数调用时，整个函数作为一条语句执行。

4. 停止执行

在程序执行期间，按停止按钮 ，或是选择"Run→Stop"，可以停止程序的执行。

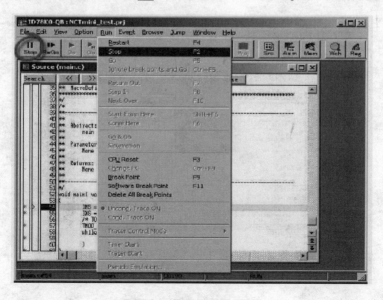

图 4-34 停止执行

5. 复位

无论程序是否在执行，都可以进行重启操作。重启的方法是按下复位按钮 ▲，或是选择"Run→CPU Reset"。

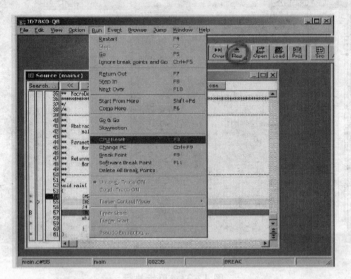

图 4-35　重启

复位操作将使 CPU 和各外围 Macro 都恢复初始状态。所有寄存器恢复初始值。

建议不要在程序运行时直接进行复位操作，而应该先停止程序，后复位。

6. 观察和修改变量值

开启 Watch 窗口：

点击主窗体工具栏上的 Watch 按钮 🔍，或是选择"Browse→Watch"，开启 Watch 对话框。

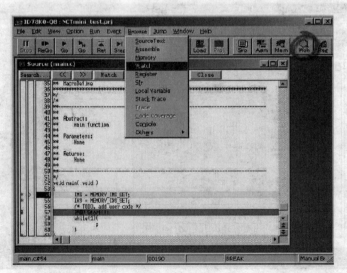

图 4-36　打开 Watch 窗口

打开 Watch 窗口：

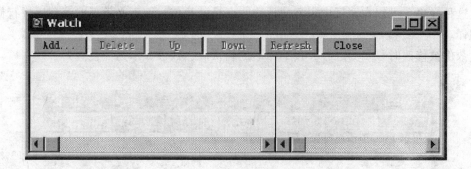

图 4 – 37　Watch 窗口

第一次打开的 Watch 窗口内容为空。

观察变量：

点击 Watch 窗口的 "Add..." 按钮，弹出添加变量对话框。

其实还有更方便的办法可以进入 Watch 窗口，就是在想要观察的变量上点击鼠标右键，在弹出的菜单上选择 "Add Watch" 就可以看到下图。

图 4 – 38　添加变量

在对话框的 Name 栏填入变量名，选择 "OK"，就可以观测到该变量的当前值。随着程序的执行，变量的值也会随时刷新。

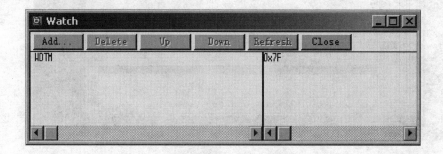

图 4 – 39　观察变量

修改变量值：

在 Watch 窗口的右侧区域，输入新的值即可修改该变量的值，按回车键确认修改。通过这种操作，可以在调试中很方便地修改变量的数值，而不必重新对源程序进行修改和编译。

数值被修改时显示为红色，按下回车键确认后，数值显示为黑色。

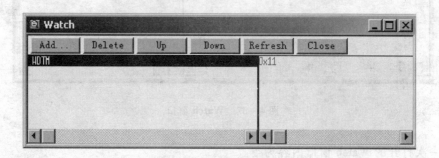

图 4-40　修改变量值

7. 观察和修改寄存器值

开启寄存器窗口：

点击寄存器窗口图标　，或是选择"Browse→Register"，开启寄存器窗口。

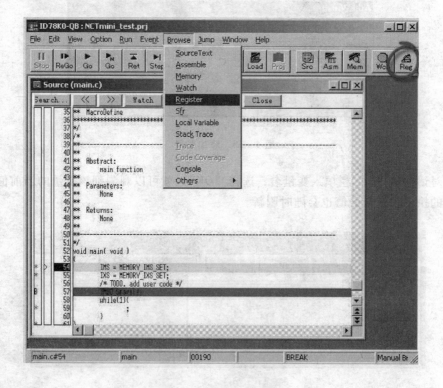

图 4-41　打开寄存器窗口

观察寄存器值：

双击带"＋"的寄存器的名字，可以看到寄存器中各个位的值。

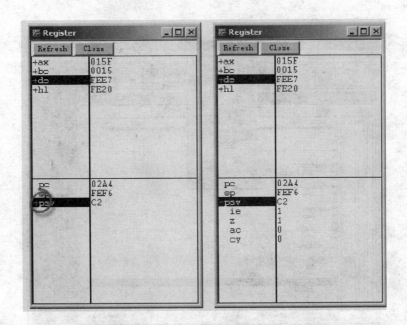

图 4 – 42　寄存器窗口

在寄存器窗口，可以修改寄存器的值，修改后的值显示为红色，按回车键确认后，数值显示为黑色。

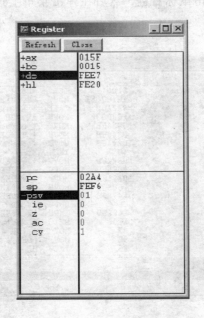

图 4 – 43　修改寄存器值

8. 观察汇编代码

ID78K0 – QB for MINICUBE 可以显示程序的汇编代码。点击汇编窗口按钮 ，或是选择 "Browse"。

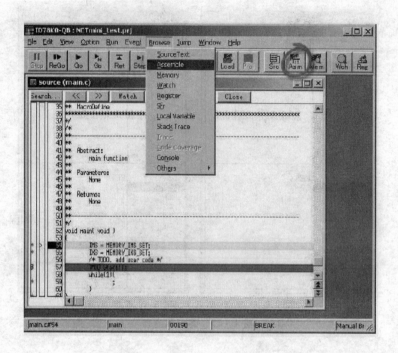

图 4 – 44　打开汇编窗口

或者在 Source 窗口点击鼠标右键，然后在弹出菜单上选择 "Assemble" 也可以打开汇编窗口。

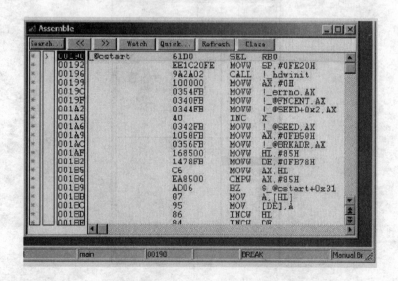

图 4 – 45　汇编窗口

与源代码窗口类似，左侧是调试信息栏，其中"*"符号表示汇编指令行，可以在有"*"的行设置断点；">"符号表示当前执行的指令行，显示为黄色；"数字"表示指令地址。

9. 设置汇编断点

在地址行左边的"*"区域点击鼠标左键，可以加入一个断点，断点处有一个蓝色的"B"标识。和上节中的Source窗口一样，被设为断点的行如果不是当前命令行，那么显示为红色。

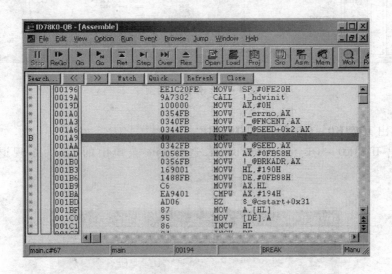

图4-46 设置汇编断点

点击主窗体工具栏上的▶按钮执行，程序执行到断点时停止。标识了"B"的黄色指令行表明程序执行的当前位置。

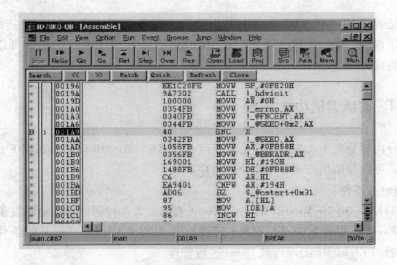

图4-47 执行到断点

10. 修改汇编代码

与 Watch 窗口修改变量值类似，在 Assemble 窗口可以修改指令，修改的指令为红色，按回车键确认修改。

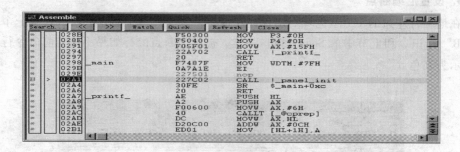

图 4 – 48 修改汇编指令

11. 退出 ID78K0 – QB for MINICUBE

要退出 ID78K0 – QB for MINICUBE，选择 File 菜单中的 Exit，出现退出提示对话框。

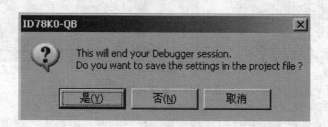

图 4 – 49 退出对话框

询问是否将 ID78K0 – QB for MINICUBE 当前的调试环境设置保存为一个调试工程文件。如果点击"是（Y）"，下次启动 ID78K0 – QB for MINICUBE 时，可以使用已经保存的环境设置。

4.4.4 高级调试功能

本部分内容是在 4.4.3 的基础上，介绍一些 ID78K0 – QB for MINICUBE 提供的高级调试功能，可以帮助用户更方便地调试程序。

1. Event（事件）

在 ID78K0 – QB for MINICUBE 中，Event 被定义为各种调试动作的触发条件。

基于 Event 可以设置断点，Event 还可以作为启动或停止 Break 的条件等。通过 Event 管理器（Event Manager）对 Event 进行管理。

选择"Event→Event Manager"，打开 Event Manager 窗口。

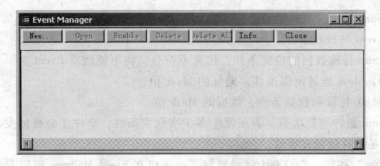

图 4 – 50 Event Manager 窗口

在 Event Manager 窗口中，点击 "New..." 按钮，出现 New Event 窗口，选择 "Event..."，打开 Event 对话框。

图 4 – 51 New Event 界面

图 4 – 52 Event 窗口

Event Name 新的 Event 名称。

Event Event 的触发条件。

Access Size 传输数据的位宽条件。位宽不符合，将不能触发 Event。

Address，Mask 地址范围条件，地址的 Mask 值。

Data，Mask 传输的数据条件，数据的 Mask 值。

Pass Count 条件重复次数。表示发生多少次触发条件，事件才会被触发。默认为 1，即第一次满足条件就触发事件。

点击"Set"按钮，Evt00001 就设置好了，可以在 Event Manager 窗口看到 Evt00001。如果在 Source 窗口或 Assemble 窗口中设置了事件，可以在行前看到"E"标识。

同一类型的 Event 最多可以设置 256 条。

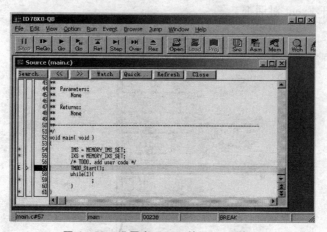

图 4 – 53　设置有 Event 的 Source 窗口

2. Break（断点）

除了前面介绍的设置断点的方法外，还可以用 Event 来设置断点，这样断点的触发条件可以定义得非常灵活。

先用上节的方法设置一个 Event。然后在 New Event 界面中，点击"Break..."按钮，打开 Break 窗口。

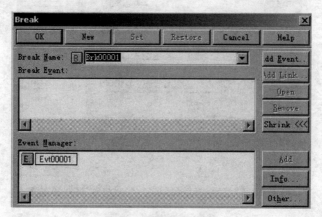

图 4 – 54　Break 窗口

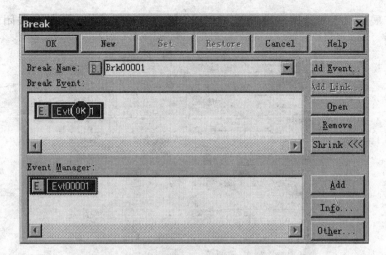

图 4 – 55 将事件设置为断点条件

点击 "Set" 按钮, 断点 Event 条件设置完成, Break 窗口 Event Manager 列表框中, Brk00001 图标变为红色。

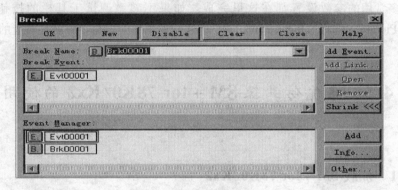

图 4 – 56 断点设置完成

3. 两个比较重要的选项

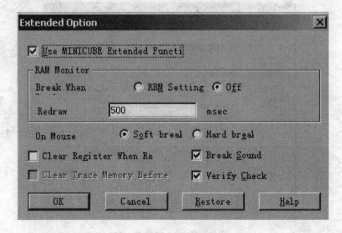

图 4 – 57 扩展选项的对话框界面

这个扩展选项主要是用来设置 MINICUBE 的一些扩展功能，默认是关闭的，需要激活才能使用。

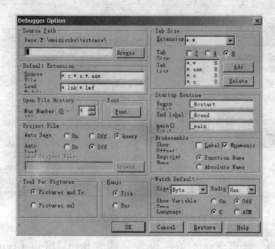

图 4-58　调试选项的对话框界面

有很多常用的参数设置都在这里完成。如果不熟悉调试工具栏的按钮，那么在"Tool Bar Picture"选择"Picture and Text"，这样的话每个按钮下方就有对应的文字提示。

4.5　系统仿真器 SM + for 78K0/Kx2 的使用

4.5.1　加载 SM + for 78K0/Kx2

在 PM Plus 中选择 SM + for 78K0/Kx2 System Simulator 作为调试器。

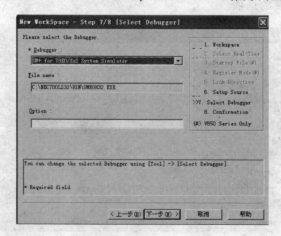

图 4-59　调试器选择对话框

编译源程序文件。如果正常完成，就生成可执行的工程文件。

图 4 - 60　生成工程文件

之后，启动 Debugger。

图 4 - 61　启动 Debugger

点击 PM 的［ID］按钮，启动 Debugger。

如果是第一次执行，就会出现［Configuration］窗口。

在这里设置完 SubClock 后请点击［OK］。

图 4 - 62　［Configuration］窗口

4.5.2　运行程序

对于载入可执行模块文件的问询，选择 "是［Y］"。

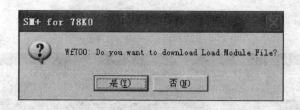

图 4 – 63　载入程序

运行执行程序的准备已经完成。运行执行程序，确认程序执行情况。

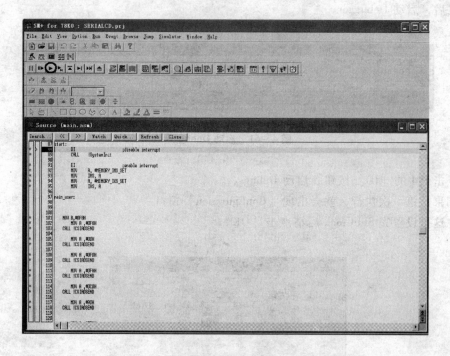

图 4 – 64　运行程序

4.5.3　使用系统仿真器 SM + for 78K0/Kx2 进行调试

使用 SM + for 78K0/Kx2 进行调试操作可以参考使用 ID78K0 – QB 进行调试的相关操作，除调试功能外，还可以使用 I/O 面板等工具执行硬件的仿真操作。具体参考相关实验内容举例。

第 5 章　实验项目

通过系列实验由浅入深使学生逐步掌握：使用 NEC Tools 中的 PM plus、SM + 78K0/SM + 78K0 for 78K0/Kx2 以及片上调试仿真器 QB – 78K0MINI 等工具，针对 µpd78F0547D 芯片进行设计开发。在前述章节中提到的实验环境中，本书提供具有代表性的实验项目 8 项，并提供完整的程序源代码供设计者参考。

5.1　KEY & LED 控制

5.1.1　实验目的

◇ 学习键盘和 LED 简单外设的驱动原理
◇ 掌握利用 NEC 微处理器进行键盘控制的方法，以及利用 MCU 的 I/O 口控制 LED 显示的软硬件实验方法

5.1.2　实验内容

◇ 利用开发板上 NEC 微处理器和键盘的接口电路，编程实现键盘的控制
◇ 读入按键值并将按键值在 LED 上显示

5.1.3　预备知识

◇ 掌握利用 PM plus 集成开发环境进行编写和调试程序的基本过程
◇ 了解 NEC 应用程序的框架结构
◇ 了解键盘及 LED 控制原理

5.1.4　实验原理

列扫描法的原理：分列扫描，检查是否有键按下。若有，确定哪个键被按下。

1. 硬件接口

键盘为 4 × 8 矩阵键盘，P50 ~ P53 作为行扫描输出口，P70 ~ P77 作为列返回扫入口。LED 采用共阴极 7 段码 LED，采用动态扫描的方式控制显示输出。P54 ~ P57 作为 COMMON 控制，P40 ~ P47 作为 SEGMENT 控制。分时显示各个 LED 的数据。

硬件接口电路图如下：

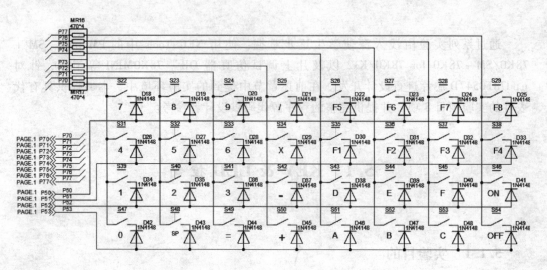

图 5 - 1　键盘（内部设置上拉电阻）

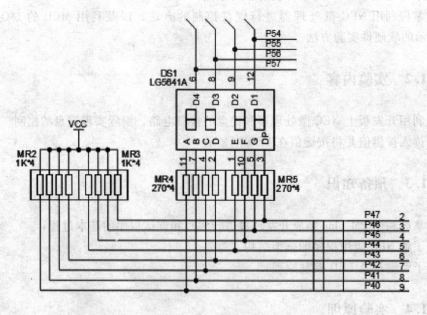

图 5 - 2　7 段码 LED

2. 资源占用

表 5 – 1　占用 MCU 的资源

资源	I/O	功能
P4	O	LED segment 输出
P5	O	P50 ~ P53 作为键扫描输出；P54 ~ P57 作为 LED common 控制
P7	I	向 LED 输出扫描码
定时器 H1	–	定时处理

3. 所用资源初始化

（1）key 初始化。

①键盘部分硬件设计用到的端口：

➤ P5：P50 ~ P53 作为键盘扫描的输出端口

➤ P7：P70 ~ P77 作为键盘扫描的输入端口

②相关寄存器设置：

◇ 端口数据寄存器

P57	P56	P55	P54	P53	P52	P51	P50
1	1	1	1	1	1	1	1

矩阵键盘的行扫描输出信号　　　　　7 段 LED 的 COMMON 控制

P77	P76	P75	P74	P73	P72	P71	P70
0	0	0	0	0	0	0	0

矩阵键盘的列扫描输入信号

图 5 – 3　端口数据寄存器的设置

◇ 端口模式寄存器

PM57	PM56	PM55	PM54	PM53	PM52	PM51	PM50
0	0	0	0	0	0	0	0

设置端口 5 为输出模式

PM77	PM76	PM75	PM74	PM73	PM72	PM71	PM70
1	1	1	1	1	1	1	1

设置端口 7 为输入模式

图 5 – 4　端口模式寄存器的设置

◇ 上拉电阻选择寄存器

PU57	PU56	PU55	PU54	PU53	PU52	PU51	PU50
0	0	0	0	0	0	0	0

不连接内部上拉电阻

PU77	PU76	PU75	PU74	PU73	PU72	PU71	PU70
1	1	1	1	1	1	1	1

设置内部上拉电阻

图 5 – 5 上拉电阻选择寄存器的设置

（2）LED 初始化。

①LED 硬件设计用到的端口：

➢ P5：P50 ~ P53 作为 LED 的 COMMON 控制端口

➢ P4：P40 ~ P47 作为 LED 的段选信号控制端口

②寄存器设置：

P5 端口的设置参见以上设置情况。以下是 P4 端口的相关寄存器设置情况。

◇ 端口数据寄存器

P47	P46	P45	P44	P43	P42	P41	P40
0	0	0	0	0	0	0	0

7 段 LED 段选控制

图 5 – 6 端口数据寄存器的设置

◇ 端口模式寄存器

PM47	PM46	PM45	PM44	PM43	PM42	PM41	PM40
0	0	0	0	0	0	0	0

设置端口 4 为输出模式

图 5 – 7 端口模式寄存器的设置

◇ 上拉电阻选择寄存器

PU47	PU46	PU45	PU44	PU43	PU42	PU41	PU40
0	0	0	0	0	0	0	0

不连接内部上拉电阻

图 5 – 8 上拉电阻选择寄存器的设置

（3）定时器初始化。使用 8 位定时器 H1 的间隔定时功能实现定时时间为 1ms 的控制，即每隔 1ms 定时器产生一次中断。

相关寄存器设置如下：

◇ 8 位定时器模式寄存器 TMHMD1

设置定时器的计数时钟为 125kHz，并且允许定时器输出。

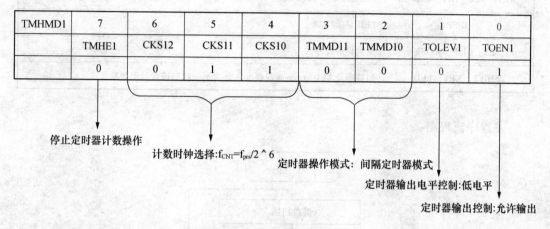

TMHMD1	7	6	5	4	3	2	1	0
	TMHE1	CKS12	CKS11	CKS10	TMMD11	TMMD10	TOLEV1	TOEN1
	0	0	1	1	0	0	0	1

停止定时器计数操作

计数时钟选择:$f_{CNT}=f_{prs}/2^6$

定时器操作模式：间隔定时器模式

定时器输出电平控制:低电平

定时器输出控制:允许输出

图 5 – 9　8 位定时器模式寄存器 TMHMD1 的设置

◇ 8 位寄存器 H 比较寄存器 CMP01

设置定时间隔时间 t ＝（1/fCNT）＊CMP01 ＝（1/125kHz）＊（125 － 1）＝1ms

CMP01	7	6	5	4	3	2	1	0
	0	1	1	1	1	1	0	0

图 5 – 10　8 位寄存器 H 比较寄存器 CMP01 的设置

启动定时器时，需要将 8 位定时器模式寄存器 TMHMD1 的第 7 位设置为 1。

5.1.5　实验方法

1. 程序设计

基于上述硬件原理图，设计程序实现下述功能：

扫描按键状态，在 1～2 个 LED 上显示相应的键值。其他 LED 显示 "0" 值。无键按下时，LED 显示 "0" 值。如下图所示，LED 的显示控制采用动态扫描的方式。

程序设计中所调用的主要函数如表 5－2 所示。

表5-2 KEY&LED 程序组件说明

函数名	功能
KEY_ SCAN	键盘扫描并生成键值
KEY_ CHAT	键消抖处理
KEY_ ALL_ OFF_ CHECK	"无键按下" 状态检测
DISP	LED 显示控制
SET_ DISP_ WORK	设置显示缓冲区
SHIFT_ KEY_ LED	扫描码及 LED common 控制准备，为下一次扫描及显示做准备

主程序流程图：

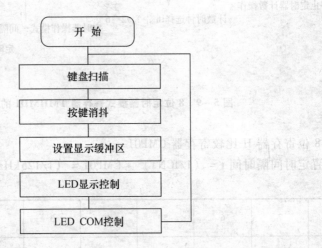

主程序程序清单如下：

```
Main:
        CALL        ! KEY_ SCAN
        CALL        ! KEY_ CHAT
        CALL        ! SET_ DISP_ WORK
        CALL        ! DISP
        CALL        ! SHIFT_ KEY_ LED
        BR          Main
```

（1）键盘扫描模块程序设计。

```
/*-------------------------------------------------
* 程序名：KEY_ SCAN
* 功能：扫描键盘
* 入口参数：无
* 出口参数：KEY_ VALUE0
-------------------------------------------- */
```

程序流程图如下所示：

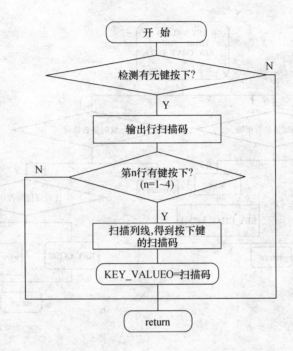

程序（主要部分）清单如下：

KEY_ SCAN：

```
        CALL        ! KEY_ ALL_ OFF_ CHECK
        BZ          $ KEY_ SCAN30
        CALL        ! SCAN_ CODE_ OUT
        BF          F_ KEY_ ROW1, $ KEY_ SCAN00
        BF          F_ KEY_ ROW2, $ KEY_ SCAN10
        BF          F_ KEY_ ROW3, $ KEY_ SCAN20
        BT          F_ KEY_ ROW4, $ KEY_ SCAN_ END
        CMP         P7, #0FFH
        BZ          $ KEY_ SCAN_ END
        CALL        ! KEY_ ROW4
KEY_ SCAN_ END：
        RET
```

（2）键盘消抖模块程序设计。

```
/ *--------------------------------------------
* 程序名：KEY_ CHAT
* 功能：键盘消抖
* 入口参数：KEY_ VALUE0，T20ms_ counter
* 出口参数：KEY_ CODE
-------------------------------------------- * /
```

程序流程图如下所示：

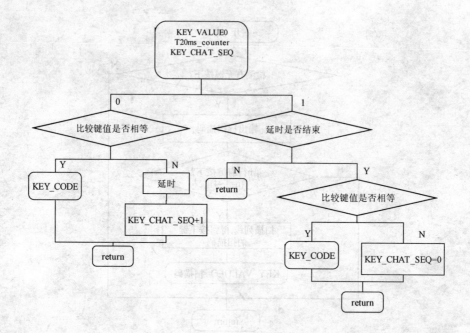

程序（主要部分）清单如下：

KEY_ CHAT：

  CMP KEY_ CHAT_ SEQ, #_ CHAT_ SEQ0

  BZ $ KEY_ CHAT00

  CMP KEY_ CHAT_ SEQ, #_ CHAT_ SEQ1

  BZ $ KEY_ CHAT10

KEY_ CHAT_ END：

  RET

（3）显示设置模块程序设计。

```
/*------------------------------------------------
* 程序名：SET_ DISP_ WORK
* 功能：设置显示缓冲
* 入口参数：KEY_ CODE, LED_ CODE
* 出口参数：DISP_ WORK
------------------------------------------------ */
```

程序流程图如下所示：

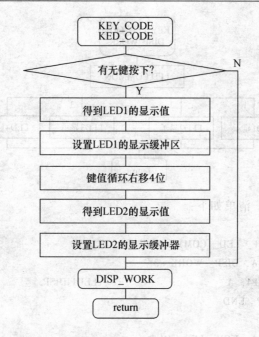

程序（主要部分）清单如下：

SET_ DISP_ WORK：

   MOV A，KEY_ CODE

   CMP A，#0FFH

   BNZ $ SET_ DISP_ WORK00

   MOV DISP_ WORK，#3FH

   MOV DISP_ WORK+1，#3FH ；NO KEY PRESSED；THEN，LED1，

   LED2 DISPLAY：0

   BR $ SET_ DISP_ WORK_ END

SET_ DISP_ WORK_ END：

   MOV DISP_ WORK+2，#3FH

   MOV DISP_ WORK+3，#3FH ；LED3，LED4 DISPLAY：0

   RET

（4）显示模块程序设计。

```
/*-------------------------------------------------
* 程序名：DISP
* 功能：显示
* 入口参数：DISP_ WORK，KEY_ LED_ OUT
* 出口参数：无
-------------------------------------------------*/
```

程序流程图如下所示：

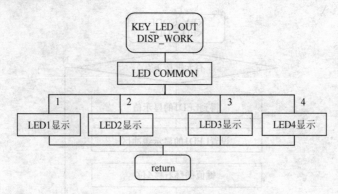

程序（主要部分）清单如下：

DISP：

```
        BT      F_ LED_ COM1, $ DISP00
        MOV     A, DISP_ WORK + 3
        MOV     P4, A                   ; LED1 DISP
        BR $ DISP_ END
DISP_ END：
        MOV     A, KEY_ LED_ OUT
        MOV     P5, A
        RET
```

（5）LED common 控制模块程序设计。

```
/ *-------------------------------------------------
* 程序名：SHIFT_ KEY_ LED
* 功能：为下一次扫描和显示做准备
* 入口参数：SHIFT_ COUNT
* 出口参数：KEY_ LED_ OUT
-------------------------------------------------- * /
```

程序流程图如下所示：

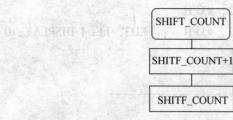

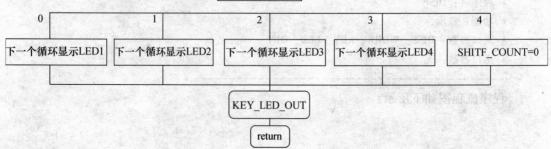

程序（主要部分）清单如下：

SHIFT_ KEY_ LED：

       INC   SHIFT_ COUNT

       CMP   SHIFT_ COUNT, #4

       BNZ $ SHIFT_ KEY_ LED000

       MOV   SHIFT_ COUNT, #0

SHIFT_ KEY_ LED_ END：

       RET

2. 使用软件仿真验证实验结果

（1）用 PM + 编译。如图 5 – 11 所示，用 PM + 的 compile 按钮，即红色椭圆框中的按钮，可以对每个文件进行编译，当每个文件编译完成后，选择 build 按钮，即蓝色椭圆框中的按钮，点击 SM + 仿真按钮，即红色箭头所指按钮，即可用 SM + 进行软件仿真。

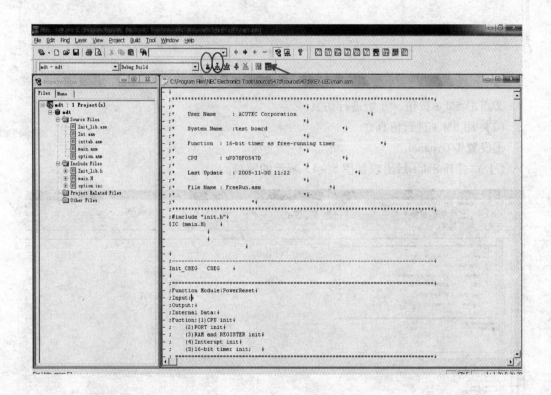

图 5 – 11　用 PM + 编译文件

①点击 build 按钮，出现如图 5 – 12 中的 output 窗口。

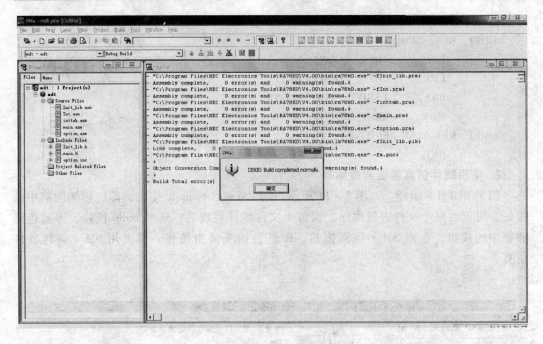

图 5 – 12　编译正确消息框

②点击 SM + 按钮，开始进行仿真。

（2）用 SM + 进行仿真。

①设置 I/O panel。

（I）打开 SM + 后出现如图 5 – 13 所示的窗口。

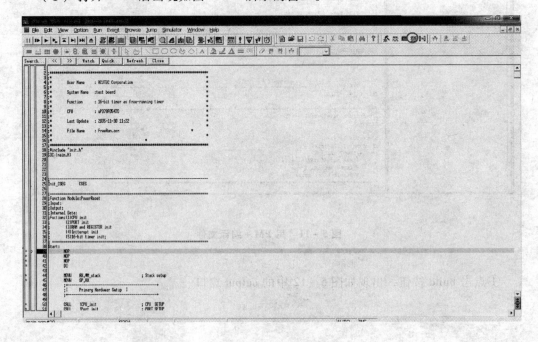

图 5 – 13　SM + 仿真平台

点击 I/O panel 图标，即红色椭圆框中的按钮，出现如图 5 – 14 中的空白面板。

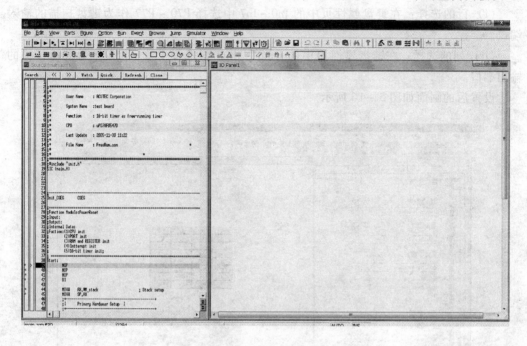

图 5 – 14　I/O 面板设置

（Ⅱ）点击 key matrix 按钮，即红色椭圆框中的按钮，在空白面板上拖放成合适大小，如图 5 – 15 所示。

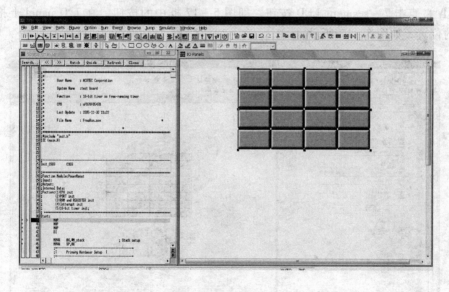

图 5 – 15　矩阵键盘

（Ⅲ）对 key matrix 进行设置。

点击箭头图标，双击 I/O panel 上的 key matrix，打开键盘属性设置窗口，进行如下设置：

（i）行的选择：在键盘属性页中的 In0 ~ In7 中选择 P70 ~ P77 作为键盘扫描的输入端口。

（ii）列的选择：在键盘属性页中的 Out0 ~ Out3 中选择 P50 ~ P53 作为键盘扫描的输出端口。

设置后的画面如图 5 – 16 所示。

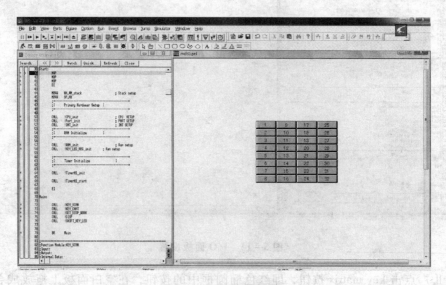

图 5 – 16　设置矩阵键盘

（Ⅳ）点击 7 – segment LED 按钮，即图 5 – 17 框中的按钮，在 I/O panel 上拖放到合适的位置，如图 5 – 17 所示。

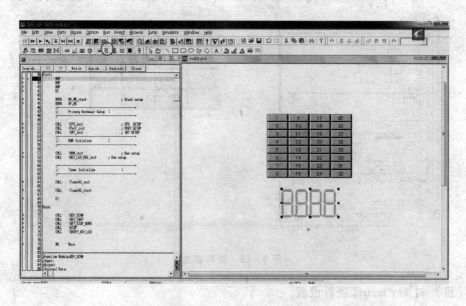

图 5 – 17　7 – segment LED

（V）对 LED 进行设置。

选择箭头图标，在 LED 上双击，进行如下设置：

设置 seg：在 7 - segment LED 属性页中的 segment signal 中选择 P40 ~ P47 作为段选信号。

设置 com：在 7 - segment LED 属性页中的 digit signal 中选择 P54 ~ P57 作为位选信号，因为是共阴数码管，所以，位选信号为低电平时点亮 LED。

设置后的画面如图 5 - 18 所示：

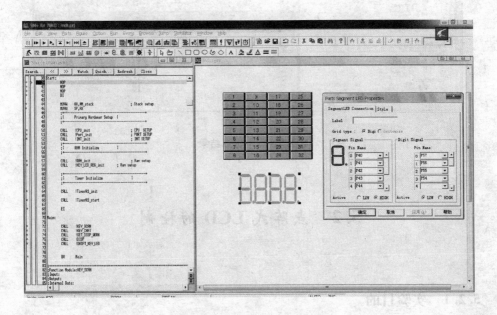

图 5 - 18　设置 7 - segment LED

②程序仿真。SM + 提供了多种功能，可以追踪变量、查看寄存器、特殊功能寄存器、堆栈情况、管脚波形图、设置事件，等等。

LED 显示程序使用动态扫描的方式。下面是使用设置断点、全速执行、单步执行（图 5 - 19 中红色椭圆框）的方式调试的步骤：

（I）设置断点，在 SET_ DISP_ WORK 子函数中的 MOV A，KEY_ CODE 语句设置断点。

（II）执行程序，并按下键盘上任意一个键。

（III）程序在断点处停下来，开始单步执行，并点击 watch（图 5 - 19 中蓝色椭圆框）按钮，查看变量的值。点击 add 按钮，可添加程序中你想查看的变量名。

（IV）当程序执行到 DISP 子程序的 MOV P5，A 语句时，可以看到有一个 LED 显示按键值，此 LED 的位置取决于上一圈程序中，SHIFT_ KEY_ LED 子程序中变量 SHIFT _ COUNT 的值。

仿真结果如图 5 - 19 所示。

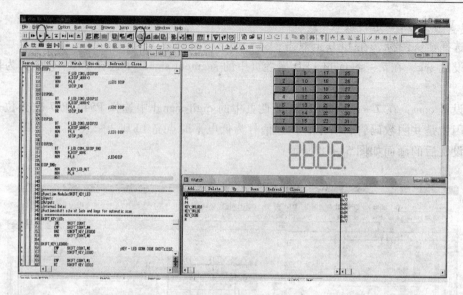

图 5-19 仿真结果

5.2 点阵式 LCD 的控制

5.2.1 实验目的

◇ 了解点阵式 LCD 的显示原理
◇ 学习点阵式 LCD 的控制原理
◇ 掌握利用 NEC 微处理器控制 LCD 显示的编程方法

5.2.2 实验内容

利用 NEC 微处理器的内部三线串行通信接口控制点阵 LCD，编写程序，在 LCD 上显示四行诗，同时显示标点符号。

5.2.3 预备知识

◇ 掌握在 SP78K0 集成开发环境中编写和调试程序的基本过程
◇ 了解 NEC 应用程序的框架结构
◇ 了解点阵式 LCD 的显示原理
◇ 了解点阵式 LCD 的控制原理

5.2.4　实验原理

1. LCD 液晶显示模块介绍

（1）基本特性。ST7920 是台湾矽创电子公司生产的中文图形控制芯片，它是一种内置 128×64－12 汉字图形点阵的液晶显示控制模块，用于显示汉字及图形。该芯片共内置 8192 个中文汉字（16×16 点阵）、128 个字符的 ASII 字符库（8×16 点阵）及 64×256 点阵显示 RAM（GDRAM）。

为了能够简单、有效地显示汉字和图形，该模块内部设计有 2MB 的中文字型 CGROM 和 64×256 点阵的 GDRAM 绘图区域；同时，该模块还提供有 4 组可编程控制的 16×16 点阵造字空间；除此之外，为了适应多种微处理器和单片机接口的需要，该模块还提供了 4 位并行、8 位并行、2 线串行以及 3 线串行等多种接口方式。

利用上述功能可方便地实现汉字、ASCII 码、点阵图形、自造字体的同屏显示，所有这些功能（包括显示 RAM、字符产生器以及液晶驱动电路和控制器）都包含在集成电路芯片里，因此，只要一个最基本的微处理系统就可以通过 ST7920 芯片来控制其他的芯片。ST7920 的主要技术参数和显示特性如下：

12864B2 汉字图形点阵液晶显示模块，可显示汉字及图形，内置 8192 个中文汉字（16×16 点阵）、128 个字符（8×16 点阵）及 64×256 点阵显示 RAM（GDRAM）。

主要技术参数和显示特性：

电源：VDD 3.3V～+5V（内置升压电路，无需负压）；

显示内容：128 列×64 行；

显示颜色：黄绿；

显示角度：6：00 点钟直视；

LCD 类型：STN；

与 MCU 接口：8 位或 4 位并行/3 位串行；

配置 LED 背光；

多种软件功能：光标显示、画面移位、自定义字符、睡眠模式等。

（2）模块引脚说明。128×64Hz 引脚说明如表 5－3 所示。

表 5－3　128×64Hz 引脚说明

引脚号	引脚名称	方向	功能说明
1	VSS	—	模块的电源地
2	VDD	—	模块的电源正端
3	V0	—	LCD
4	RS（CS）	H/L	并行的指令/数据选择信号；串行的片选信号
5	R/W（SID）	H/L	并行的读写选择信号；串行的数据口

续表

引脚号	引脚名称	方向	功能说明
6	E（CLK）	H/L	并行的使能信号；串行的同步时钟
7	DB0	H/L	数据0
8	DB1	H/L	数据1
9	DB2	H/L	数据2
10	DB3	H/L	数据3
11	DB4	H/L	数据4
12	DB5	H/L	数据5
13	DB6	H/L	数据6
14	DB7	H/L	数据7
15	PSB	H/L	并/串行接口选择：H-并行；L-串行
16	NC	空脚	
17	/RET	H/L	复位
18	NC	空脚	
19	LED_A	-	背光源正极（LED+5V）
20	LED_K	-	背光源负极（LED-0V）

逻辑工作电压（VDD）：4.5~5.5V；

电源地（GND）：0V；

工作温度（Ta）：0~60℃（常温）/-20~75℃（宽温）。

（3）接口时序。模块有并行和串行两种连接方法，串行控制时序如下：

串行数据传送共分三个字节完成：

第一字节：串口控制——格式11111ABC。

A为数据传送方向控制：H表示数据从LCD到MCU，L表示数据从MCU到LCD。

B为数据类型选择：H表示数据是显示数据，L表示数据是控制指令。

C固定为0。

第二字节：（并行）8位数据的高4位——格式DDDD0000。

第三字节：（并行）8位数据的低4位——格式0000DDDD。

串行接口时序参数：（测试条件：T=25℃ VDD=4.5V）。

串行时钟主要参数要求：时钟频率：470~590kHz；典型值：530kHz；占空比：45%~55%；典型值：50%；上升/下降沿时间：最大0.2μs。

（4）用户指令集。

（5）显示坐标关系。

①图形显示坐标。

水平方向 X——以字节为单位

垂直方向 Y——以位为单位

②汉字显示坐标。

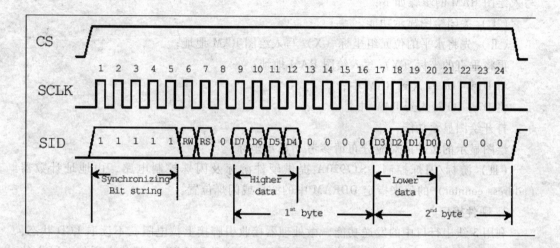

图 5 - 20 3 线串行通讯时序图

表 5 - 4 汉字显示坐标

	X 坐标						
Line1	80H	81H	82H	83H	84H	85H	86H	87H
Line2	90H	91H	92H	93H	94H	95H	96H	97H
Line3	88H	89H	8AH	8BH	8CH	8DH	8EH	8FH
Line4	98H	99H	9AH	9BH	9CH	9DH	9EH	9FH

③字符表。

代码（02H – 7FH）

④汉字编码表。请参考 ST7920 的数据手册。

（6）显示 RAM。

①文本显示 RAM（DDRAM）。文本显示 RAM 提供 8 个 ×4 行的汉字空间，当写入文本显示 RAM 时，可以分别显示 CGROM、HCGROM 与 CGRAM 的字型；ST7920A 可以显示三种字型，分别是半宽的 HCGROM 字型、CGRAM 字型及中文 CGROM 字型。三种字型的选择，由在 DDRAM 中写入的编码选择，各种字型详细编码如下：

显示半宽字型：将一位字节写入 DDRAM 中，范围为 02H – 7FH 的编码；

显示 CGRAM 字型：将两字节编码写入 DDRAM 中，总共有 0000H、0002H、0004H、0006H 四种编码；

显示中文字型：将两字节编码写入 DDRAMK，范围为 A1A0H – F7FFH（GB 码）或 A140HD75FH（BIG5 码）的编码。

②绘图 RAM（GDRAM）。绘图显示 RAM 提供 128×8 个字节的记忆空间，在更改绘图 RAM 时，先连续写入水平与垂直的坐标值，再写入两个字节的数据到绘图 RAM，而地址计数器（AC）会自动加一；在写入绘图 RAM 的期间，绘图显示必须关闭，整个写入绘图 RAM 的步骤如下：

（Ⅰ）关闭绘图显示功能。

（Ⅱ）先将水平的位元组坐标（X）写入绘图 RAM 地址；

再将垂直的坐标（Y）写入绘图 RAM 地址；

将 D15～D8 写入到 RAM 中；

将 D7～D0 写入到 RAM 中；

打开绘图显示功能；

绘图显示的缓冲区对应分布请参考"显示坐标"。

（Ⅲ）游标/闪烁控制。ST7920A 提供硬件游标及闪烁控制电路，由地址计数器（address counter）的值来指定 DDRAM 中的游标或闪烁位置。

2. 硬件接口

利用 3 线串行口中的发送功能，微处理器接收引脚接上拉电阻，不读取 LCD 状态，因此 SIA0 引脚可以不用连接至 LCD。采用延时的方法和 LCD 之间建立通信。LCD 的 PSB 接地表示选用串口模式。

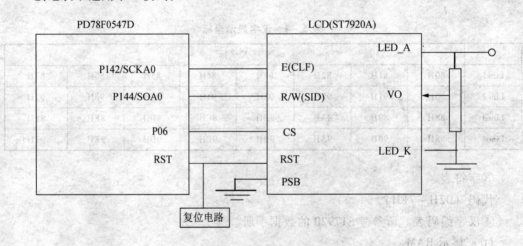

图 5－21　3 线串口应用连接示例

3. 资源占用

表 5－5　占用 MCU 资源列表

资源	I/O	功能
P06，P30	O	LCD 片选
P10	O	串行口时钟输出
P12	O	串行口数据线
定时器 H1	—	定时处理

4. 所用资源初始化

（1）串行口 CSI10 初始化。

①串行口操作要用到的端口：

➤ P10 作为串行口 CSI10 的时钟输出端口

➤ P12 作为串行口 CSI10 的数据输出端口

②相关寄存器设置：

◇ 串行操作模式寄存器

CSIM10	7	6	5	4	3	2	1	0
	CSIE10	TRMD10	0	DIR10	0	0	0	CSOT10
	0	1	0	0	0	0	0	0

3线串行I/O模式中的操作控制位

发送/接收模式控制位　　规定起始位　　　　　　　　　通信状态标志位

图 5 - 22　串行操作模式寄存器的设置

◇ 串行时钟选择寄存器

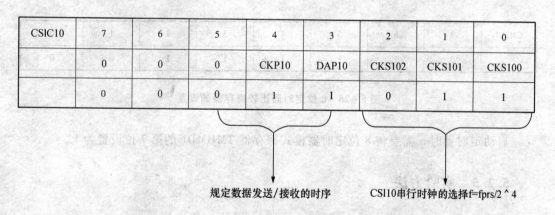

CSIC10	7	6	5	4	3	2	1	0
	0	0	0	CKP10	DAP10	CKS102	CKS101	CKS100
	0	0	0	1	1	0	1	1

规定数据发送/接收的时序　　　CSI10串行时钟的选择f=fprs/2 ^ 4

图 5 - 23　串行时钟选择寄存器的设置

串行口 CSI10 初始化时，应进行如下操作：

（Ⅰ）当 P10/SCK10 用作串行接口的时钟输出引脚时，对 PM10 清零，并将 P10 的输出锁存器的值设置为 1（即 CLR PM1.0 和 SET P1.0）。

（Ⅱ）当 P12/SO10 用作串行接口的数据输出引脚时，对 PM12 清零，并将 P12 的输出锁存器的值设置为 0（即 CLR PM1.2 和 CLR P1.2）。

（Ⅲ）将 CSIM10 寄存器的第 6 位，即 TRMD10，设置为 1，规定数据的传送模式为发送/接收模式。

（Ⅳ）将 CSIM10 寄存器的第 7 位，即 CSIE10，设置为 1，开始数据传送。

（2）定时器初始化。

①所用定时器：8 位定时器 H1。

②相关寄存器设置：

◇ 8 位定时器模式寄存器

设置定时器的计数时钟为 125kHz，并且禁止定时器输出。

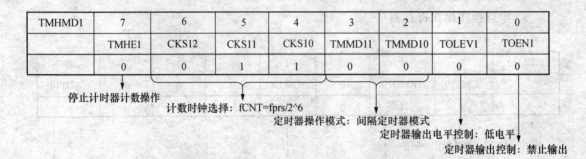

TMHMD1	7	6	5	4	3	2	1	0
	TMHE1	CKS12	CKS11	CKS10	TMMD11	TMMD10	TOLEV1	TOEN1
	0	0	1	1	0	0	0	0

停止计时器计数操作

计数时钟选择：fCNT=fprs/2^6

定时器操作模式：间隔定时器模式

定时器输出电平控制：低电平

定时器输出控制：禁止输出

图 5 - 24　8 位定时器模式寄存器的设置

◇ 8 位定时器比较寄存器

设置定时间隔时间 t = （1/fCNT）＊CMP01 = （1/125KHz）＊（125 - 1）= 1ms

CMP01	7	6	5	4	3	2	1	0
	0	1	1	1	1	1	0	0

图 5 - 25　8 位定时器比较寄存器的设置

启动定时器时，需要将 8 位定时器模式寄存器 TMHMD1 的第 7 位设置为 1。

5.2.5　实验方法

1. 程序设计

功能描述：利用 3 线串行口向 LCD 输出字符，并在 LCD 上以四行的形式显示：横看成岭侧成峰，远近高低各不同。不知庐山真面目，只缘身在此山中。

程序设计中所调用的主要函数如表 5 - 6 所示：

表 5 - 6　点阵式 LED 控制程序组件说明

函数名	功能
SEL_ LCD	使能 LCD
LCD_ INIT	LCD 初始化

续表

函数名	功能
DISP	（1）发送命令字节 （2）发送数据字节；一个程序循环完成一个显示字节的发送，循环 DISP 显示直至检测到 00H 或 20H，完成一行信息的显示，返回

主程序流程图：

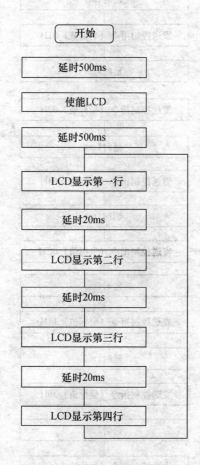

（1）LCD 初始化模块程序设计。

```
/************************************************
* 程序名：LCD_INIT
* 功能：LCD 初始化
* 入口参数：无
* 出口参数：无
************************************************/
```

程序流程图如下所示：

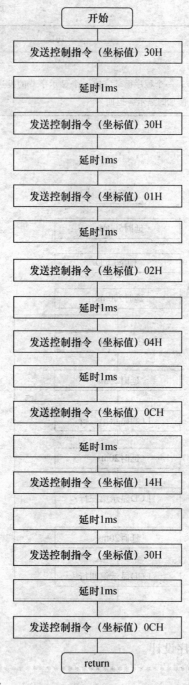

（2）显示模块程序设计。

/***

* 程序名：DISP

* 功能：（1）发送命令字节

*   （2）发送数据字节；一个程序循环完成一个显示字节的发送，循环 DISP 显示直至检测
          到 00H 或 20H，完成一行信息的显示，返回

*

* 入口参数：HL, COMMAND
* 出口参数：HL, COMMAND
*** /

程序流程图如下所示：

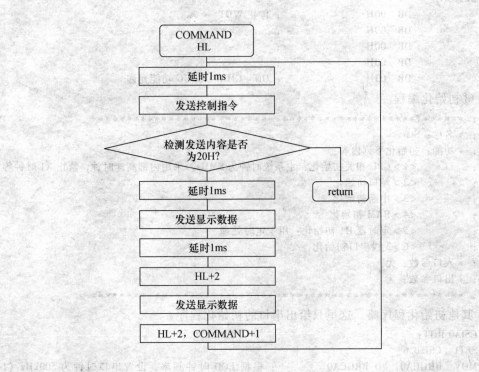

主要源程序参考如下：

该程序的功能是在 LCD 上以 4 行的形式显示：横看成岭侧成峰，远近高低各不同。不知庐山真面目，只缘身在此山中。

①向量表定义。

```
=============================================
Vect_CSEG   CSEG    AT  0000H        ;;
=============================================
DW  Start              ; 00H：Reset
    ORG  001AH
DW  I_base100ms        ; 1AH：INTTMH1
```

②选项字节定义。

```
=============================================
Option0CSEG    CSEG   AT  0080H  ; option byte 定义
=============================================
OPTION0   :
          DB   00H           ; 停止 WDT
          DB   00H           ;
          DB   00H           ;
          DB   00H           ;
```

```
                DB    03H                   ; ON – CHIP DEBUG 功能允许
================================================
Option1CSEG     CSEG   AT   1080H   ; option byte 定义
================================================
OPTION1:
                DB    00H                   ; 停止 WDT
                DB    00H                   ;
                DB    00H                   ;
                DB    00H                   ;
                DB    03H                   ; ON – CHIP DEBUG 功能允许
```

③初始化编程。

```
; ****************************************************
; *名称：Start
; *功能：初始化下列内容：
;           <1>CPU 相关初始化：主系统时钟为 8MHz，采用内部高速时钟，禁止 X1 时钟等
;           <2>端口初始化
;           <3>中断初始化
;           <4>RAM 初始化
;           <5>定时器 H1 初始化：用于定时处理
;           <6>3 线串口初始化
; *入口参数：无
; *出口参数：无
; ****************************************************
```

其他初始化程序略。这里只给出串口的初始化程序。

```
CSIA0_INIT:
SET1    CSIS0. 6
MOV    BRGCA0, #D_BRGCA0        ; 根据 LCD 时钟频率，设置串口时钟为 500kHz（fx = 8MHZ 时）
; MOV    CSIMA0, #D_CSIMA0
CLR1    CSIMA0. 1
CLR1    CSIMA0. 2
SET1    CSIMA0. 3
SET1    CSIMA0. 4               ; 初始化为发送接收模式
CLR1    CSIMA0. 6               ; 1 字节传输模式

CLR1    PM14. 2
CLR1    PM14. 4
SET1    P14. 2
CLR1    P14. 4

SET1    CSIMA0. 7              ; 允许发送
RET
```

④主程序设计。

```
; ****************************************************
; *名称：Main
; *功能：<1>初始化 LCD
;        <2>循环显示固定在 flash 中的内容
; *入口参数：无
```

```
; *出口参数：无
; ************************************************
Start:
            NOP
            NOP
            NOP
            DI
            MOVW    AX, #M_stack          ; Stack setup
            MOVW    SP, AX


; +-------------------------+
; |      Primary Hardwear Setup      |
; +-------------------------+
            CALL    !CPU_init             ; CPU SETUP
Start00:
            BF      RCM.7,  $Start00
            CALL    !INT_init             ; INT SETUP
; +-------------------------+
; |      RAM Initialize      |
; +-------------------------+
            CALL    !RAM_init             ; Ram setup
            CALL    !Port_init            ; PORT SETUP
; +-------------------------+
; |      CSIA0 Initialize      |
; +-------------------------+
            CALL    !CSIA0_INIT
            MOV     A, #0
            MOV     SIOA0, A
; +-------------------------+
; |      Timer Initialize      |
; +-------------------------+
            CALL    !TimerH1_init
            CALL    !TimerH1_start
            EI
Main:
            MOV     T500ms_counter, #250
            CALL    !DELAY_500ms          ; DELAY 500MS

            CALL    !SEL_LCD              ; chip select enable
            CALL    !LCD_INIT

            MOV     T500ms_counter, #250
            CALL    !DELAY_500ms          ; DELAY 500MS

Main00:
            MOVW    HL, #DISP_CODE0       ; display line1
            MOV     COMMAND, #80H
            CALL    !DISP
```

```
            MOV     T20ms_counter, #1
            CALL    !DELAY
            MOVW    HL, #DISP_CODE1     ; display line2
            MOV     COMMAND, #90H
            CALL    !DISP

            MOV     T20ms_counter, #1
            CALL    !DELAY

            MOVW    HL, #DISP_CODE2     ; display line3
            MOV     COMMAND, #88H
            CALL    !DISP

            MOV     T20ms_counter, #1
            CALL    !DELAY
            MOVW    HL, #DISP_CODE3     ; display line4
            MOV     COMMAND, #98H
            CALL    !DISP

Main01:
            BR      $Main00
;*************************************************************
;*名称：DISP
;*功能：<1>发送命令字节
;            <2>发送数据字节；一个程序循环完成一个显示字节的发送，循环DISP显示直至检
;                测到00H或20H，完成一行信息的显示，返回
;
;*入口参数：HL；COMMAND
;*出口参数：HL；COMMAND
;*************************************************************
DISP:
            MOV     T20ms_counter, #1
            CALL    !DELAY
            CALL    !SEND_COMMAND       ; send command
            MOV     A, [HL]
            CMP     A, #20H
            BZ      $DISP_END

            MOV     T20ms_counter, #1   ; delay
            CALL    !DELAY

            CALL    !SEND_DATA          ; send data

            MOV     T20ms_counter, #1
            CALL    !DELAY

            INCW    HL
            CALL    !SEND_DATA          ; send data
```

```
          INCW    HL
          INC     COMMAND              ; send command
          BR      $ DISP

DISP_END:
          RET

DISP_CODE0:
          DB
          0BAH, 0E1H, 0BFH, 0B4H, 0B3H, 0C9H, 0C1H, 0EBH, 0B2H, 0E0H,
                0B3H, 0C9H, 0B7H, 0E5H, 0A3H, 0ACH
          DB      20H                  ; 横看成岭侧成峰，
DISP_CODE1:
          DB
          0D4H, 0B6H, 0BDH, 0FCH, 0B8H, 0DFH, 0B5H, 0CDH, 0B8H, 0F7H,
                0B2H, 0BBH, 0CDH, 0ACH, 0A3H, 0AEH
          DB      20H                  ; 远近高低各不同。
DISP_CODE2:
          DB
          0B2H, 0BBH, 0CAH, 0B6H, 0C2H, 0AEH, 0C9H, 0BDH, 0D5H, 0E6H,
                0C3H, 0E6H, 0C4H, 0BFH, 0A3H, 0ACH
          DB      20H                  ; 不识庐山真面目，
DISP_CODE3:
          DB
          0D6H, 0BBH, 0D4H, 0B5H, 0C9H, 0EDH, 0D4H, 0DAH, 0B4H, 0CBH,
                0C9H, 0BDH, 0D6H, 0D0H, 0A3H, 0AEH
          DB      20H                  ; 只缘身在此山中。

; ***************************************************
; * 名称：SEL_LCD
; * 功能：LCD 片选使能操作
; * 入口参数：P0.6
; * 出口参数：P0.6
; ***************************************************
SEL_LCD:
          SET1    P0.6
          RET


; ***************************************************
; * 名称：LCD_INIT
; * 功能：LCD 初始化
; * 入口参数：无
; * 出口参数：无
; ***************************************************
LCD_INIT:
          MOV     COMMAND, #30H        ; WRITE FOR FUNCTION SET
          CALL    !SEND_COMMAND

          MOV     T20ms_counter, #1    ; DELAY 1MS
```

```
        CALL    !DELAY

        MOV     COMMAND, #30H    ;
        CALL    !SEND_COMMAND

        MOV     T20ms_counter, #1    ; DELAY 1MS
        CALL    !DELAY

        MOV     COMMAND, #01H    ;
        CALL    !SEND_COMMAND

        MOV     T20ms_counter, #1    ; DELAY 1MS
        CALL    !DELAY

        MOV     COMMAND, #02H    ;
        CALL    !SEND_COMMAND

        MOV     T20ms_counter, #1    ; DELAY 1MS
        CALL    !DELAY

        MOV     COMMAND, #04H    ;
        CALL    !SEND_COMMAND

        MOV     T20ms_counter, #1    ; DELAY 1MS
        CALL    !DELAY

        MOV     COMMAND, #0CH    ;
        CALL    !SEND_COMMAND

        MOV     T20ms_counter, #1    ; DELAY 1MS
        CALL    !DELAY

        MOV     COMMAND, #14H    ;
        CALL    !SEND_COMMAND

        MOV     T20ms_counter, #1    ; DELAY 1MS
        CALL    !DELAY

        MOV     COMMAND, #30H    ;
        CALL    !SEND_COMMAND

        MOV     T20ms_counter, #1    ; DELAY 1MS
        CALL    !DELAY

        MOV     COMMAND, #0CH    ;
        CALL    !SEND_COMMAND

        RET
;  *************************************************************
```

```
; * 名称：SEND_COMMAND
; * 功能：发送控制指令，时序控制参照前面所述 LCD 串行控制时序：
;              <1> 先发送控制方向的控制码：MCU − − > LCD（WRITE）
;              <2> 把控制指令分解成高 4 位和低 4 位，并分别重新组成 8 位数据
;              <3> 分两次发送控制指令的高 4 位和低 4 位，从而完成控制指令（坐标值）的发送
; * 入口参数：无
; * 出口参数：无
; **********************************************************
SEND_COMMAND:
            CALL    !SEND_CNT_CMMD
            MOV     A, COMMAND
            CALL    !SEND_2BYTE
            RET


; **********************************************************
; * 名称：SEND_DATA
; * 功能：发送显示数据：
;              <1> 先发送类型控制码：显示数据
;              <2> 把显示数据分解成高 4 位和低 4 位，并分别重新组成 8 位数据
;              <3> 分两次发送显示数据的高 4 位和低 4 位，从而完成一个字节显示数据的发送
; * 入口参数：HL
; * 出口参数：无
; **********************************************************
SEND_DATA:
            CALL    !SEND_CNT_DATA
            MOV     A, [HL]
            CALL    !SEND_2BYTE
            RET
; **********************************************************
; * 名称：SEND_2BYTE
; * 功能：发送两个字节的数据
; * 入口参数：无
; * 出口参数：无
; **********************************************************
SEND_2BYTE:
            MOV     B, A
            AND     A, #0F0H
            CALL    !SEND_BYTE

            MOV     A, B
            ROL     A, 1
            ROL     A, 1
            ROL     A, 1
            ROL     A, 1
            AND     A, #0F0H
            CALL    !SEND_BYTE
            RET


; **********************************************************
```

```
; *名称：SEND_2BYTE
; *功能：发送一个字节的数据
; *入口参数：无
; *出口参数：无
; *******************************************************
SEND_BYTE:
                BTCLR    IF1H.4，$SEND_BYTE00
                BR       $SEND_BYTE

SEND_BYTE00:
                MOV      SIOA0，A              ; yes
                RET


; ################################
; SEND CNT FOR MCU - - > LCD（WRITE）
; ################################
SEND_CNT_CMMD:
                BTCLR    IF1H.4，$SEND_CNT_CMMD00
                BR       $SEND_CNT_CMMD

SEND_CNT_CMMD00:
                MOV      A，#D0_CTRL
                MOV      SIOA0，A
                RET


; ##############
; SEND DATA
; ##############
SEND_CNT_DATA:
                BTCLR    IF1H.4，$SEND_CNT_DATA00
                BR       $SEND_CNT_DATA

SEND_CNT_DATA00:
                MOV      A，#D_DATA
                MOV      SIOA0，A
                RET

; *******************************************************
; *名称：DELAY
; *功能：延时 1ms
; *入口参数：T1ms_counter
; *出口参数：无
; *******************************************************
DELAY:
                CMP      T1ms_counter，#0
                BNZ      $DELAY
                RET
; *******************************************************
; *名称：DELAY_500ms
```

```
; * 功能：延时 500ms
; * 入口参数：T1ms_counter
; * 出口参数：无
; ********************************************************
DELAY_500ms:
            CMP     T500ms_counter, #0
            BNZ     $ DELAY_500ms
            RET
```

2. 使用软件仿真验证实验结果

在 PM + 中对各文件进行编译（compile），并建立（build）项目文件，在 SM + 中进行仿真（该部分的详细操作见 KEY&LED 实验，此处不再赘述）。

用 SM + 进行仿真：

由于 SM + 软件不能对 LCD 进行仿真，在此，我们通过串行口 CSI10 输出时钟线（P10/SCK10）和串行口输出数据线（P12/SO10）的时序图来查看实验结果。

（1）设置 Timing Chart。

①在 SM + 工具栏中点击 Timing Chart 按钮，即图 5 – 25 中红色椭圆框中的按钮，出现如图 5 – 26 所示的 Timing Chart 窗口：

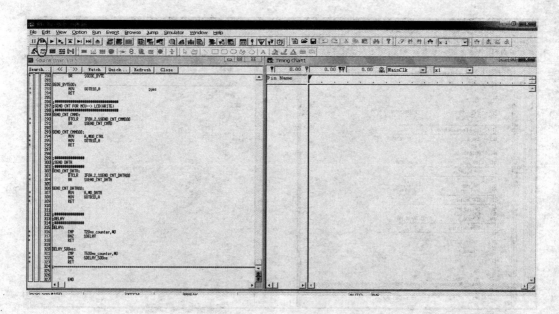

图 5 – 26　SM + 时序仿真工具

②选择管脚。在 SM + 工具栏中点击 select pin 按钮，即图 5 – 27 中红色椭圆框中的按钮，打开 select pin 设置窗口，在 pin name 中，选择：

➤ P10/SCK10/TXD0：作为串行口时钟输出端口

➤ P12/SO10：作为串行口数据输出端口

设置后的画面如图 5 – 28 所示。

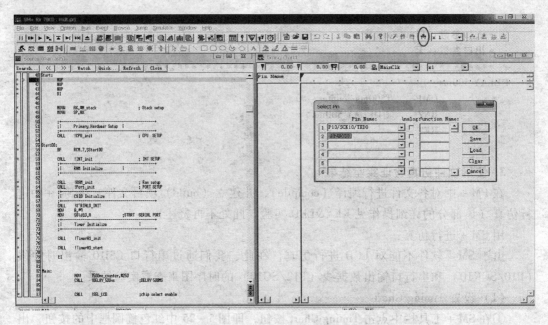

图 5 - 27 设置输出端口

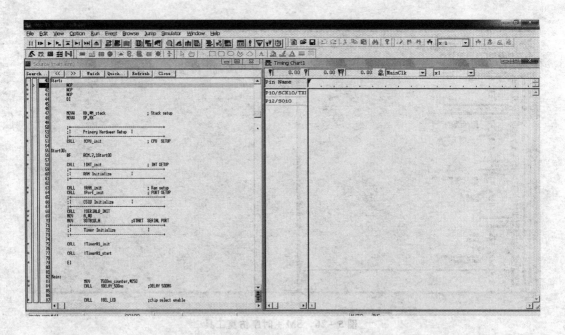

图 5 - 28 设置完成

（2）程序仿真。在这个程序中，我们使用 CSI10 串行口的 3 线串口 I/O 模式，在这种模式下，端口 P10 复用作串口时钟输出端口，端口 P12 复用作串口数据输出端口。

全速执行程序后，可看到 Timing Chart 中出现如图 5 - 29 时序图：

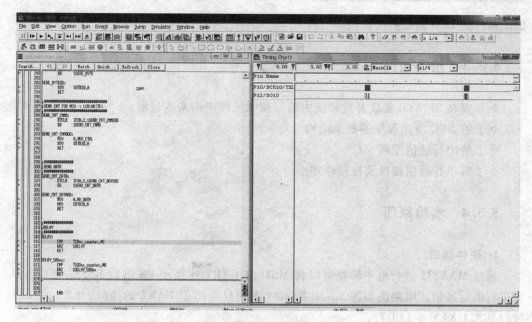

图 5 – 29　仿真结果

可以看到，每间隔一段时间（1ms），串行口时钟输出端口 P10 输出时钟信号，并且串行口数据输出端口 P12 输出两个字节的内容。如此循环，直到检测到输出的内容为 20H，则停止输出。

5.3　串行口控制

5.3.1　实验目的

◇了解 NEC 串行口的工作原理
◇学习利用 NEC 串行口进行数据传输的控制原理
◇掌握利用 NEC 串行口进行数据传输的编程方法

5.3.2　实验内容

学习串行通讯原理，阅读 NEC 微处理器的数据手册，了解串行通讯控制器，掌握 NEC 微处理器的 UART 相关寄存器的功能及控制方法，熟悉 NEC 微处理器系统硬件的 UART 相关接口。利用 NEC 微处理器的串行口实现开发板和 PC 之间的通信。具体实现：结合本书 5.1 中的 4 × 8 键盘控制，编写程序实现在 PC 机一端显示 4 × 8 键盘的键值。同时在 LED 上显示按键值。

5.3.3 预备知识

◇掌握在 SP78K0 集成开发环境中编写和调试程序的基本过程
◇了解 NEC 应用程序的框架结构
◇了解串行通信原理
◇了解串行通信接口及控制原理

5.3.4 实验原理

1. 硬件接口

通过 MAX232 进行电平转换可以将 MCU 的 UART 连接至 PC 机的 RS232 接口，从而进行串行通信。电路图如图 5 – 30 所示（图中只画出了 UART 的接口，KEY 和 LED 接口见 5.1 KEY & LED）。

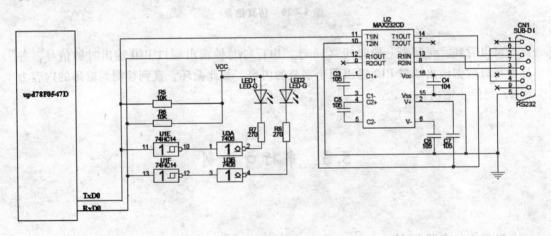

图 5 – 30　UART 串口应用连接示例

2. 资源占用

表 5 – 7　占用 MCU 资源列表

资源	I/O	功能
P13/TxD6	O	串行口发送数据线 TxD6
P14/RxD6	I	串行口接收数据线 RxD6
P4	O	LED segment 输出
P5	O	P50 ~ P53 作为键扫输出；P54 ~ P57 作为 LED common 控制
P7	I	向 LED 输出扫描码
定时器 H1	–	定时处理

3. 所用资源初始化

（1）串口 UART 初始化。

①串行口操作要用到的端口：

➤ P13 作为 UART6 的串行接口数据输出端口

➤ P14 作为 UART6 的串行接口数据输入端口

②相关寄存器设置：

◇异步串行接口模式操作寄存器

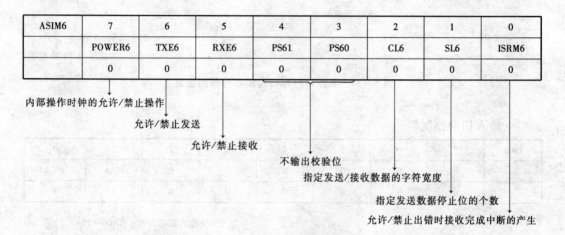

ASIM6	7	6	5	4	3	2	1	0
	POWER6	TXE6	RXE6	PS61	PS60	CL6	SL6	ISRM6
	0	0	0	0	0	0	0	0

内部操作时钟的允许/禁止操作

允许/禁止发送

允许/禁止接收

不输出校验位

指定发送/接收数据的字符宽度

指定发送数据停止位的个数

允许/禁止出错时接收完成中断的产生

图 5 - 31　异步串行接口模式操作寄存器的设置

◇波特率发生器控制寄存器

BRGC6	7	6	5	4	3	2	1	0
	MDL67	MDL66	MDL65	MDL64	MDL63	MDL62	MDL62	MDL60
	0	0	0	0	1	1	0	1

8 位计数器输出时钟的选择 k = 13，波特率 = fXCLK0/2k = 9600kHz

图 5 - 32　波特率发生器控制寄存器的设置

◇时钟选择寄存器

CKSR6	7	6	5	4	3	2	1	0
	0	0	0	0	TPS63	TPS62	TPS61	TPS60
	0	0	0	0	0	0	0	1

基本时钟（fXCLK6）的选择，fXCLK6 = fPRS/2^5 = 250kHz

图 5 - 33　时钟选择寄存器的设置

✧ 异步串行接口控制寄存器

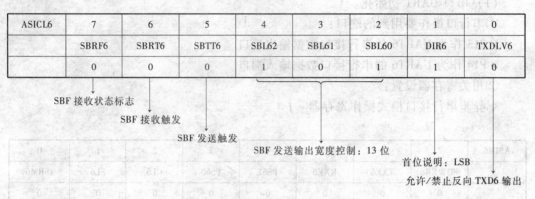

ASICL6	7	6	5	4	3	2	1	0
	SBRF6	SBRT6	SBTT6	SBL62	SBL61	SBL60	DIR6	TXDLV6
	0	0	0	1	0	1	1	0

SBF 接收状态标志

SBF 接收触发

SBF 发送触发

SBF 发送输出宽度控制：13 位

首位说明：LSB

允许/禁止反向 TXD6 输出

图 5 – 34 异步串行接口控制寄存器的设置

✧ 输入切换控制器

ISC6	7	6	5	4	3	2	1	0
	0	0	0	0	0	0	ISC1	ISC0
	0	0	0	0	0	0	1	1

TI000 输入源的选择：RXD6（P14）

INTP0 输入源的选择：RXD6（P14）

图 5 – 35 输入切换控制器的设置

初始化中对 UART6 操作的基本过程如下：

<1 > 设置 CKSR6 寄存器；

<2 > 设置 BRGC6 寄存器；

<3 > 设置 ASIM6 的 0 ~ 4 位（ISRM6、SL6、CL6、PS60、PS61）；

<4 > 设置 ASICL6 的第 0 位和第 1 位（TXDLV6、DIR6），在本实验中，设置 TX-DLV6 为 0，禁止 TXD6 反向输出，设置 DIR6 为 1，规定为 LSB – first 发送；

<5 > 设置 ASIM6 的第 7 位（POWER6）=1；

<6 > 设置 ASIM6 的第 6 位（TXE6）=1，允许发送；

<7 > 将数据写入发送缓冲寄存器 6（TXB6），开始发送数据。

TXE6 和 RXE6 清零后再对 POWER6 清零，可设置操作停止模式。

实现串口 UART6 的初始化程序：

```
UART0_INIT:
        MOV BRGC0, #D_BRGC0     ; 基本时钟（fXCLK0）= 250kHz（fx = 8MHz）
                                ; K = 13；波特率 = 9600kHz（Baud rate = fXCLK0/2k）
        MOV ASIM0, #D_ASIM0     ; 禁止内部时钟操作；禁止发送和接收
                                ; 7 位数据，1 位停止位，无奇偶校验位
        CLR1 PM1.0              ; P1 初始化
```

```
        SET1  PM1. 1
        SET1  P1. 0
        RET
```

启动串口操作：

UART0_START：

```
        SET1  ASIM0. 7                    ; TRANSFER ONLY
        NOP
        NOP
        SET1  ASIM0. 6
        RET
```

停止串口操作：

UART0_STOP：

```
        CLR1  ASIM0. 6
        NOP
        NOP
        CLR1  ASIM0. 7
        RET
```

（2）LED，KEY 以及定时器的初始化参见 LED & KEY 实验中的设置。

5.3.5　实验方法

1. 程序设计

功能描述：

（1）利用 UART0 或 6 将 4×8 键盘的按键值传送至 PC 机。

（2）在 PC 机端运行串行口监控程序，并显示接收到的字符信息。

（3）在 LED 上显示按键值。

程序设计中所调用的主要函数如表 5-8 所示。

表 5-8　UART 程序组件说明

函数名	功能
KEY_SCAN	键盘扫描并生成键值
KEY_CHAT	键消抖处理
KEY_ALL_OFF_CHECK	"无键按下"状态检测
DISP	LED 显示控制
SET_DISP_WORK	设置显示缓冲区
SHIFT_KEY_LED	扫描码及 LED common 控制，为下一次扫描及显示做准备
SERIAL6_T	向 PC 机发送键值

主程序流程图：

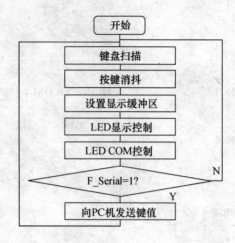

程序清单如下：

Main：

```
        MOV   KEY_CODE，#55H
        CALL  !KEY_SCAN
        CALL  !KEY_CHAT
        CALL  !SET_DISP_WORK
        CALL  !DISP
        CALL  !SHIFT_KEY_LED
        BTCLR F_Serial，$ Main00
        BR    Main
Main00：
        CALL  !Serial6_T
        BR    Main
```

①按键扫描模块、按键消抖模块、显示设置模块、显示模块以及 LED common 控制模块的设计请参见 KEY & LED 实验。

②串口发送模块程序设计。

```
/ *********************************************************
* 程序名：SERIAL6_T
* 功能：向 PC 机发送键值
* 入口参数：STRING_CODE，PUTOUT_KEY
* 出口参数：TXB6
********************************************************* /
```

程序流程图如下所示：

```
                  STRING_CODE
              发送字符串"KEY="至TXB6
                    延时20ms
              发送按键值至TXB6
                    延时20ms
                     TXB6
                    return
```

程序清单如下：

Serial6_T:

```
            CALL   ! PUTOUT_STRING
            CALL   ! PUTOUT_KEY
            RET


PUTOUT_STRING：
            MOV    A, ASIF6
            AND    A, #02H
            BNZ    $ PUTOUT_STRING
            MOVW   HL, #STRING_CODE
            MOV    A, [HL]
            MOV    TXB6, A                        ; START TRANSFER：'K'
            INCW   HL


PUTOUT_STRING00：
            BTCLR  IF0H. 1, $ PUTOUT_STRING10       ; INTST0 REQ
            BR     $ PUTOUT_STRING00


PUTOUT_STRING10：
            MOV    A, ASIF6
            AND    A, #02H
            BNZ    $ PUTOUT_STRING10
            MOV    A, [HL]
            MOV    TXB6, A                        ; 'E'
            INCW   HL


PUTOUT_STRING20：
            BTCLR  IF0H. 1, $ PUTOUT_STRING30
            BR     $ PUTOUT_STRING20


PUTOUT_STRING30：
            MOV    A, ASIF6
            AND    A, #02H
            BNZ    $ PUTOUT_STRING30
            MOV    A, [HL]
            MOV    TXB6, A                        ; 'Y'
            INCW   HL


PUTOUT_STRING40：
            BTCLR  IF0H. 1, $ PUTOUT_STRING50
            BR     $ PUTOUT_STRING40
```

```
PUTOUT_STRING50:
        MOV     A, ASIF6
        AND     A, #02H
        BNZ     $ PUTOUT_STRING50
        MOV     A, [HL]
        MOV     TXB6, A                          ; ' = '
        INCW    HL

PUTOUT_STRING60:
        BTCLR   IF0H.1, $ PUTOUT_STRING_END
        BR      $ PUTOUT_STRING60

PUTOUT_STRING_END:
        RET
; ================================================
PUTOUT_KEY:
        MOV     A, ASIF6
        AND     A, #02H
        BNZ     $ PUTOUT_KEY
        MOV     A, KEY_CODE
        AND     A, #0F0H
        ROR     A, 1
        ROR     A, 1
        ROR     A, 1
        ROR     A, 1
        OR      A, #30H
        MOV     TXB6, A

PUTOUT_KEY00:
        BTCLR   IF0H.1, $ PUTOUT_KEY10
        BR      $ PUTOUT_KEY00

PUTOUT_KEY10:
        MOV     A, ASIF6
        AND     A, #02H
        BNZ     $ PUTOUT_KEY10
        MOV     A, KEY_CODE
        AND     A, #0FH
        OR      A, #30H
        MOV     TXB6, A

PUTOUT_KEY20:
        BTCLR   IF0H.1, $ PUTOUT_KEY30
        BR      $ PUTOUT_KEY20
```

```
PUTOUT_KEY30:
        MOV       A, ASIF6
        AND       A, #02H
        BNZ       $PUTOUT_KEY30
        MOV       A, #13H                      ; ENTER
        MOV       TXB6, A

PUTOUT_KEY40:
        BTCLR     IF0H.1, $PUTOUT_KEY_END
        BR        $PUTOUT_KEY40

PUTOUT_KEY_END:
        RET
```

2. 使用软件仿真验证实验结果

在 PM + 中对各文件进行编译（compile），并建立（build）项目文件，在 SM + 中进行仿真（该部分的详细操作见 KEY & LED 实验，此处不再赘述）。

用 SM + 进行仿真：

对于 KEY 和 LED 的仿真已在实验 KEY & LED 中详细阐述，在此不再赘述。在这个实验中，我们通过 SM + 中的 Serial 窗口查看 UART6 串行口以及通过 Timing chart 窗口查看 UART6 串行口的数据输出线（P13/TXD6）的时序图来验证实验结果。

（1）设置串口工具。

①在 SM + 工具栏中点击 Serial 按钮，即图 5 – 36 中红色椭圆框中的按钮；

②选择串行口：点击图 5 – 37 中红色椭圆框中的下拉按钮，选择 UART6_0；

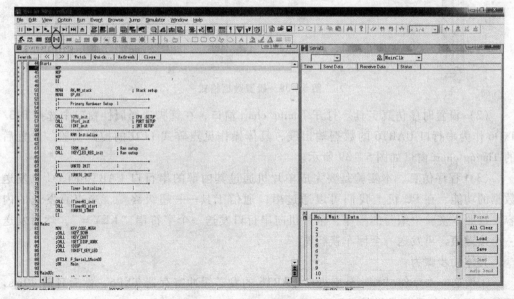

图 5 – 36　SM + 串口仿真工具

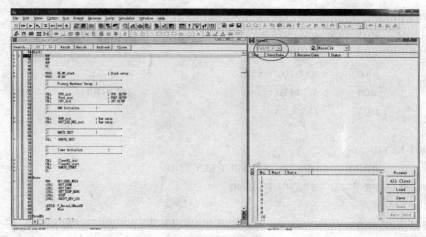

图 5 - 37 选择串口

③串行口 UART6 的格式进行设置：选择主系统时钟（见图 5 - 38 中红色椭圆框），然后点击 format 按钮，出现如图 5 - 38 所示对话框，按照初始化中串行口 UART6 各控制寄存器的值，对串行口发送数据的格式进行设置，具体设置如图 5 - 38 所示：

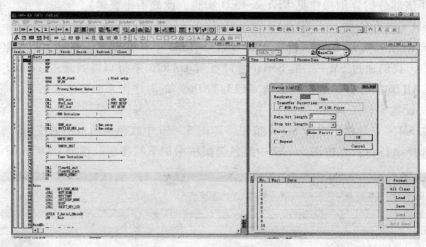

图 5 - 38 设置数据格式

（2）设置时序仿真工具。打开 Timing chart 窗口，在管脚选择属性窗口中选择 P13/TxD6 作为串行口 UART6 的数据输出线，具体操作见点阵式 LCD 的控制实验。设置后的 Timing chart 窗口如图 5 - 39 所示。

（3）程序仿真。本实验是要完成单片机通过其内部的串行口 UART6 向 PC 机发送数据的功能，在 PC 机上我们可以通过串口通信工具——超级终端，来查看发送的内容。按照本实验中编写的程序，单片机向串行口发送一个字符串 "KEY ="，然后发送一个按键值，再发送一个回车换行符。

具体的步骤为：

①发送一个字符 "K" 至串行口 UART6 的发送缓冲寄存器 TXB6，然后延时 20ms，等待 TXB6 将该数据发送给 PC；

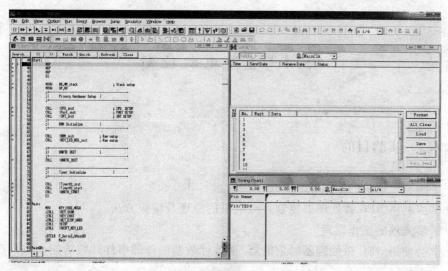

图 5 - 39　设置时序仿真工具

②同①中所述步骤，发送字符"E"，依次下去，直到发送完字符"="；

③发送按键的键值至串行口 UART6 的发送缓冲寄存器 TXB6，然后延时 20ms，等待 TXB6 将该数据发送给 PC；

④发送回车换行键的键值至串行口 UART6 的发送缓冲寄存器 TXB6，然后延时 20ms，等待 TXB6 将该数据发送给 PC；

这样，程序完整地走完一圈的时候，PC 机得到了"KEY ="、按键值以及回车符。

仿真结果如图 5 - 40 所示：

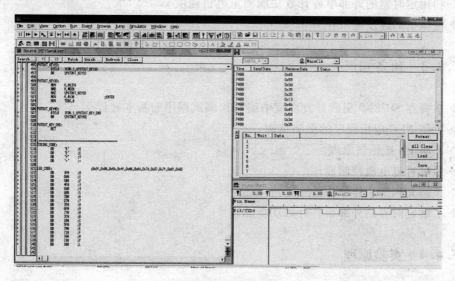

图 5 - 40　仿真结果

在上图的 Serial 窗口中，我们可以看到，每经过一段固定的时间，串行口就收到一个数据；在 Timing chart 窗口中，我们可以看到，串行口的数据输出端口 P13/TXD6 以固定时间间隔发送一个数据。

5.4 直流电机控制

5.4.1 实验目的

◇ 了解直流电机的工作原理
◇ 掌握利用 NEC 微处理器控制直流电机的原理及编程方法
◇ 了解光耦的工作原理
◇ 学会使用 NEC 微处理器的定时器/事件计数器的外部事件计数功能

5.4.2 实验内容

◇ 了解 PWM 控制原理，利用 NEC 微处理器的定时器的 PWM 输出功能控制直流
电机
◇ 根据拨动开关的状态控制电机的转动方向（示例代码中未包括此项功能，用户
在自行开发时，注意切换电机方向时，需要停止电机转动一定时间，以免烧毁
MOS 管）
◇ 利用定时器的外部事件计数功能测量电机速度
◇ 将电机的速度显示在 LCD 上

5.4.3 预备知识

◇ 掌握在 SP78K0 集成开发环境中编写和调试程序的基本过程
◇ 了解 NEC 应用程序的框架结构
◇ 了解 PWM 控制原理
◇ 了解直流电机控制原理
◇ 了解光耦的工作原理
◇ 了解定时器的外部事件计数功能原理

5.4.4 实验原理

1. 硬件接口

驱动电路工作原理：

TOH0：设置为"ON"状态，驱动电机；

设置为"OFF"状态，停止电机。

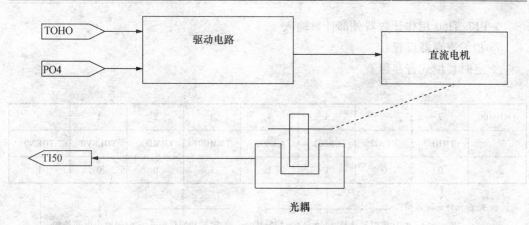

图 5 – 41　直流电机控制框图

P04：设置为"ON"状态，电机正转（TOH0 为"ON"时）；
　　　设置为"OFF"状态，电机反转（TOH0 为"ON"时）。

2. 资源占用

表 5 – 9　占用 MCU 资源列表

资源	I/O	功能
P15/TOH0	O	PWM 输出
P04	O	电机的桥控制
P140	I	拨动开关，用于控制电机的转动方向
P17/TI50	I	计数器外部技术输入（光耦输出）
P32	I	按键 S30，用于控制电机的速度测定。有键按下时，测定电机速度并显示；无键按下时，不测定电机速度
P06	O	LCD 片选
P142	O	串行口时钟输出
P144	O	串行口数据线
定时器 H1	–	定时处理

3. 所用资源初始化

（1）定时器初始化。

①所用定时器：

➤Timer H0 用于输出 PWM，控制电机转速

➤Timer H1 用于定时处理

➤Timer 50：对光耦的输出脉冲计数

②定时器操作要用到的端口：

➤P15 用作 PWM 输出端口

➢ P17/TI50 用作计数器外部计数输入

③相关寄存器设置：

✧ 定时器模式寄存器

TMHMD0	7	6	5	4	3	2	1	0
	TMHE0	CKS02	CKS01	CKS00	TMMD01	TMMD00	TOLEV0	TOEN0
	0	0	1	1	1	0	0	1

是否允许定时器操作
计数时钟选择 = fprs/2^6 = 125 kHz
定时器操作模式
定时器输出电平控制
定时器输出控制

TMHMD1	7	6	5	4	3	2	1	0
	TMHE1	CKS12	CKS11	CKS10	TMMD11	TMMD10	TOLEV1	TOEN1
	0	0	1	1	0	0	0	0

是否允许定时器操作
计数时钟选择 = fprs/2^6 = 125 kHz
定时器操作模式
定时器输出电平控制
定时器输出控制

图 5 – 42 定时器模式寄存器的设置

✧ 定时器比较寄存器

CMP00	7	6	5	4	3	2	1	0
	1	1	1	1	1	0	0	0

$f_{pwm} = f_{cnt}/(N+1) = 125 kHz/(124+1) = 1 kHz$

CMP01	7	6	5	4	3	2	1	0
	1	1	1	1	1	0	0	0

$f_{pwm} = f_{cnt}/(N+1) = 125 kHz/(124+1) = 1 kHz$

CMP10	7	6	5	4	3	2	1	0
	1	1	1	1	0	0	0	0

PWM 输出脉冲占空比 = $(M+1)/(N+1)$ = 61/125 ≈ 50%

图 5 – 43 定时器比较寄存器的设置

◇ 定时器载波控制寄存器

TMCYC1	7	6	5	4	3	2	1	0
	0	0	0	0	0	RMC1	NRZB1	NRZ1
	0	0	0	0	0	0	0	0

遥控输出

载波脉冲输出状态标志

图 5 – 44 定时器载波控制寄存器的设置

◇ 定时器时钟选择寄存器

TCL50	7	6	5	4	3	2	1	0
	0	0	0	0	0	TCL502	TCL501	TCL500
	0	0	0	0	0	0	0	0

计数时钟选择：TI50 引脚下降沿

图 5 – 45 定时器时钟选择寄存器的设置

◇ 定时器模式控制寄存器

TMC50	7	6	5	4	3	2	1	0
	TCE50	TMC506	0	0	LVS50	LVR50	TMC501	TOE50
	0	0	0	0	0	0	0	0

TM50 计数操作控制

TM50 操作模式选择

定时器输出 F/F 状态设置

定时器 F/F 控制

定时器输出控制

图 5 – 46 定时器模式控制寄存器的设置

◇ 定时器比较寄存器

CR50	7	6	5	4	3	2	1	0
	1	1	1	1	0	0	0	0

规定 8 位定时器/计数器的计数值为 240

图 5 – 47 定时器比较寄存器的设置

启动 PWM 输出模式的操作：

＜1＞将 P15 以及 PM15 清零。

＜2＞设置 TMHE0 = 1。

＜3＞CMP00 是在允许计数操作后首次被比较的比较寄存器。当 8 位定时器计数器 H0 与 CMP00 寄存器的值匹配时，将 8 位定时器计数器 H0 清零、产生中断请求信号（INTTMH0），输出有效电平。同时与 8 位定时器 H0 比较的寄存器由 CMP00 切换为 CMP10。

＜4＞当 8 位定时器计数器 H0 与 CMP10 寄存器匹配时，输出无效电平，同时与 8 位定时器 H0 比较的寄存器由 CMP10 切换为 CMP00。此时不对 8 位定时器计数器 H0 清零，也不产生 INTTMH0 信号。

＜5＞重复执行过程＜3＞和＜4＞，可以获取具有任意占空比的脉冲。

若要停止计数操作，则设置 TMHE0 = 0。

8 位定时器/事件计数器 50 用作外部事件计数器，在初始化中的操作：

＜1＞设置端口模式寄存器 PM17 的值为 1；

＜2＞选择 TI50 引脚输入脉冲沿，本实验中选择 TI50 引脚下降沿，即将 TCL50 寄存器的值设置为 00H；

＜3＞设置 CR50 寄存器的值以规定计数值；

＜4＞选择 TM50 与 CR50 匹配时清零和启动模式，禁止定时器 F/F 反转操作，不允许定时器输出；

＜5＞将 TMC50 寄存器的 TCE50 位设置为 1，开始计数；

＜6＞当 TM50 与 CR50 的值匹配时，将产生 INTTM50（TM50 清零（00H）），且在经过以上设置后，每当 TM50 与 CR50 的值匹配时都会产生 INTTM50 中断请求。

将 TMC50 寄存器的 TCE50 位设置为 0，可停止计数操作。

（2）串行口 CSIA0 初始化。

①串口操作要用到的端口。

➤ P142 作为 CSIA0 的串行接口时钟输出端口

➤ P144 作为 CSIA0 的串行接口数据输出端口

②相关寄存器设置。

◇串行操作模式选择寄存器

CSIMA0	7	6	5	4	3	2	1	0
	CSIAE0	ATE0	ATM0	MSATER0	TXEA0	RXEA0	DIR0	0
	0	0	0	1	1	0	0	0

CSIA0 操作允许/禁止的控制
自动通信操作允许/禁止的控制
自动通信模式的选择
CSIA0 主设备/从设备模式的选择
对发送操作允许/禁止的控制
对接收操作允许/禁止的控制
起始位的选择

图 5 - 48　串行操作模式选择寄存器的设置

◇ 分频选择寄存器

BRGCA0	7	6	5	4	3	2	1	0
	0	0	0	0	0	0	BRGCA01	BRGCA00
	0	0	0	0	0	0	1	0

CSIA0 基本时钟分频因子选择 = fw/2^4 = 500kHz

图 5 - 49 分频选择寄存器的设置

初始化中对 CSIA0 操作的基本过程如下:

< 1 > 设置 CSIS0 寄存器的第 6 位（CKS00）;

< 2 > 设置 BRGCA0 寄存器;

< 3 > 设置 CSIMA0 寄存器的第 4 ~ 1 位（MASTER0, TXEA0, RXEA0 和 DIR0）;

< 4 > 设置 CSIMA0 寄存器的第 7 位 CSIAE0 = 1,并将第 6 位 ATE0 清零;

< 5 > 将数据写入串行 I/O 移位寄存器 0（SIOA0）。

将 CSIMA0 的第 7 位 CSIAE0 清零,可设置操作停止模式。

5.4.5 实验方法

1. 程序设计

功能描述:

①利用定时器 H0 输出 PWM,控制电机转速（这里是恒定速度控制）;

②可以利用拨动开关（DCMOTOR DIR）控制电机的转动方向,程序示例仅给出电机正转的控制代码;

③用按键 S30 控制电机的速度测定:有键按下,测定速度并显示;无键按下,不测定;

④利用定时器 50 的外部事件计数功能,对光耦的输出脉冲计数（电机转动一圈,光耦输出 4 个脉冲）;

⑤计算转 60 圈所需要的时间（精确到 1ms）,并在 LCD 上显示。

程序设计中所调用的主要函数如表 5 - 10 所示:

表 5 - 10 直流电机程序组件说明

函数名	功能
I_TM50	定时器 50 外部事件计数中断服务程序,用于电机测速
LCD_INIT	LCD 初始化
LCD_DISP	LCD 显示控制:显示电机速度

主程序流程图:

程序清单如下：

Main：

```
        CLR1    P0. 4                           ；固定正转
        CALL    !TimerH0_start
Main00：
        BTCLR   F_KEY，  $Main10
        BR      !Main00
Main10：
        MOV     T20ms_counter，#20
        CALL    !DELAY                          ；去抖
        BF      P3. 2，  $Main20
        BR      !Main00
Main20：
        SET1    F_1S
        MOV     Wheel_counter，#0
        MOV     Wheel_counter + 1，#0
        CALL    !Timer50_start
        CLR1    MK0H. 5
Main30：
        BT      F_1S，  $Main30
        SET1    MK0H. 5                         ；关 TM50 中断
        CALL    !Timer50_stop
        CALL    !LCD_DISP
        BR      !Main00
```

（1）LCD 显示模块程序设计。

/ **

* 程序名：LCD_DISP
* 功能：LCD 显示控制，显示电机速度
* 入口参数：WHEEL_COUNTER

＊出口参数：无

＊＊/

程序流程图如下所示：

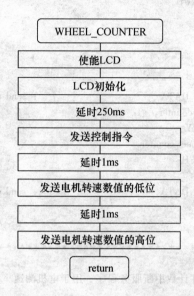

程序清单如下：

LCD_DISP：

```
          CALL   !SEL_LCD                    ; chip select enable
          CALL   !LCD_INIT
          MOV    T20ms_counter, #250
          CALL   !DELAY                      ; DELAY 250MS
          MOVW   HL, #DISP_CODE              ; display low
          MOV    COMMAND, #80H
          CALL   !SEND_COMMAND               ; send command
          MOV    T20ms_counter, #1           ; delay
          CALL   !DELAY
          MOV    A, Wheel_counter + 1
          AND    A, #0F0H
          ROR    A, 1
          ROR    A, 1
          ROR    A, 1
          ROR    A, 1
          MOV    B, A
          CALL   !SEND_DATA                  ; send data
          MOV    T20ms_counter, #1
          CALL   !DELAY
          MOV    A, Wheel_counter + 1
          AND    A, #0FH
          MOV    B, A
          CALL   !SEND_DATA                  ; send data
          INC    COMMAND
          CALL   !SEND_COMMAND               ; send command
          MOV    T20ms_counter, #1           ; delay
```

```
        CALL    !DELAY
        MOV     A, Wheel_counter
        AND     A, #0F0H
        ROR     A, 1
        ROR     A, 1
        ROR     A, 1
        ROR     A, 1
        MOV     B, A
        CALL    !SEND_DATA                      ; send data
        MOV     T20ms_counter, #1
        CALL    !DELAY
        MOV     A, Wheel_counter
        AND     A, #0FH
        MOV     B, A
        CALL    !SEND_DATA                      ; send data
        RET
```

（2）中断服务程序设计。

```
/ *******************************************************
* 程序名：I_TM50
* 功能：定时器 50 外部事件计数中断服务程序，用于电机测速
* 入口参数：无
* 出口参数：无
******************************************************* /
```

程序清单如下：

```
I_TM50:
        CLR1    F_1S
I_TM50_END:
        RETI
```

（3）LCD 初始化模块程序设计请参见点阵式 LCD 的控制实验。

2. 使用软件仿真验证实验结果

SM + 的 I/O Panel 中没有直流电机这个控件，不能直接看到电机转动的情况。在这里我们通过端口 P15 的时序图来观察 8 位定时器 H0 的 PWM 输出。

在 PM + 中对各文件进行编译（compile），并建立（build）项目文件，在 SM + 中进行仿真（该部分的详细操作见 KEY&LED 实验，此处不再赘述）。

用 SM + 进行仿真：

（1）设置时序仿真工具。对 Timing Chart 设置的具体步骤参见点阵式 LCD 的控制实验。设置后的画面如图 5 - 50 所示。

（2）程序仿真。由上所述，8 位定时器 H0 可以用作 PWM 输出模式，在这种模式下，可以通过配置定时器 H0 的寄存器来控制输出 PWM 脉冲的频率以及占空比，本实验中，将 PWM 脉冲的频率定为 1kHz，占空比控制为 50% 左右。由复用端口 P15 输出PWM 脉冲，如图 5 - 51 所示。

可以看到由端口 P15 输出占空比约为 50% 的均匀方波，以此来控制直流电机的速度。改变脉冲的宽度（改变占空比），可以相应地改变电机转动的速度。

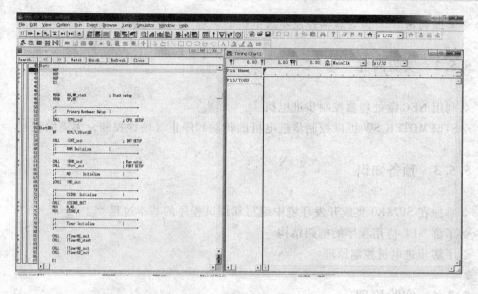

图 5 - 50 设置时序仿真工具

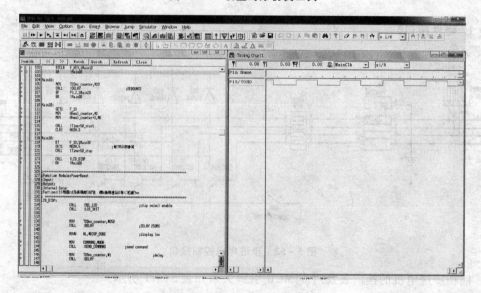

图 5 - 51 仿真结果

5.5 步进电机控制

5.5.1 实验目的

◇ 了解步进电机的工作原理

◇掌握利用 NEC 微处理器控制步进电机的原理及编程方法

5.5.2 实验内容

◇利用 NEC 微处理器控制步进电机

◇STEPMOTER SW 可以控制步进电机的转动和停止（硬件控制，无需编程）

5.5.3 预备知识

◇掌握在 SP78K0 集成开发环境中编写和调试程序的基本过程

◇了解 NEC 应用程序的框架结构

◇了解步进电机控制原理

5.5.4 实验原理

1. 硬件接口

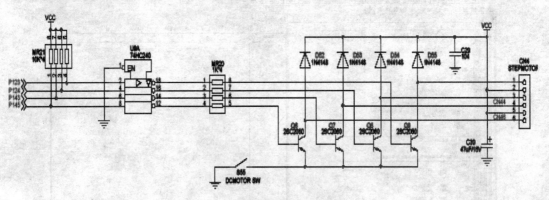

图 5 - 52 步进电机控制接口

四相步进电机的换向表及对应 MCU 引脚关系如表 5 - 11 所示。

表 5 - 11 步进电机换向表

NO	接口线颜色	对应引脚	STEP			
			1	2	3	4
1	白	P123	-	-	-	
2	黑	+5V	+	+	+	+
3	红	P124	-			-
4	蓝	P143		-	-	
5	黑	+5V	+	+	+	+
6	黄	P145				

2. 资源占用

表 5 - 12 占用 MCU 资源列表

资源	I/O	功能
P123	O	步进电机控制
P124	O	步进电机控制
P143	O	步进电机控制
P145	O	步进电机控制
定时器 H1	-	间隔定时，控制电机转速

3. 所用资源初始化

步进电机初始化。

（1）步进电机操作要用到的端口。

➤ P123，P124 控制步进电机的导通相

➤ P143，P145 控制步进电机的导通相

（2）相关寄存器设置。

✧ 端口数据寄存器

P127	P126	P125	P124	P123	P122	P121	P120
0	0	0	0	0	0	0	0

步进电机导通相控制的输出信号

P147	P146	P145	P144	P143	P142	P141	P140
0	0	0	0	0	0	0	0

步进电机导通相控制的输出信号   步进电机导通相控制的输出信号

图 5 - 53 端口数据寄存器的设置

✧ 端口模式寄存器

PM127	PM126	PM125	PM124	PM123	PM122	PM121	PM120
1	1	1	0	0	1	1	1

设置为输出模式

PM147	PM146	PM145	PM144	PM143	PM142	PM141	PM140
1	1	0	0	0	0	0	1

设置为输出模式   设置为输出模式

图 5 - 54 端口模式寄存器的设置

◇上拉电阻选择寄存器

PU127	PU126	PU125	PU124	PU123	PU122	PU121	PU120
0	0	0	0	0	0	0	0

不连接内部上拉电阻

PU147	PU146	PU145	PU144	PU143	PU142	PU141	PU140
0	0	0	0	0	0	0	0

不连接内部上拉电阻

图 5 – 55　上拉电阻选择寄存器的设置

5.5.5　实验方法

1. 程序设计

功能描述：

①利用定时器 H1 的间隔定时功能，产生定时信号，控制步进电机的脉冲宽度（此示例程序以固定脉冲控制步进电机）；

②可以利用拨动开关（STEPMOTOR SW）控制电机的转动和停止操作，硬件控制，软件无需处理；

③根据步进电机的换向表控制电机的转动。

程序设计中所调用的主要函数如表 5 – 13 所示。

表 5 – 13　步进电机程序组件说明

函数名	功能
MODE_CHK	电机控制的模式检测，用于控制步进电机的下一步操作
STEP1	AB 相导通
STEP2	A – B 相导通
STEP3	A – B – 相导通
STEP4	AB – 相导通
I_base100ms	定时控制，用于电机调速

主程序流程图：

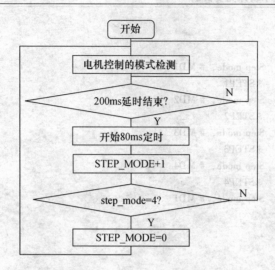

程序清单如下：

Main：

```
           CALL    !MODE_CHK
Main00：
           CMP     T20ms_counter, #0
           BNZ     $ Main00
           MOV     T20ms_counter, #80
           INC     Step_mode
           CMP     Step_mode, # _MD5
           BNZ     $ Main
           MOV     Step_mode, # _MD1
           BR      $ Main
```

电机控制模块程序设计。

```
/ ******************************************************
* 程序名：MODE_CHK
* 功能：电机控制的模式检测，用于控制步进电机的下一步操作
* 入口参数：STEP_MODE
* 出口参数：STEP_MODE
****************************************************** /
```

程序流程图如下所示：

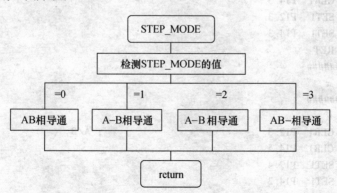

程序清单如下：

MODE_CHK：

```
MODE_CHK:
            CMP     Step_mode，#_MD1
            BZ      $STEP1
            CMP     Step_mode，#_MD2
            BZ      $STEP2
            CMP     Step_mode，#_MD3
            BZ      $STEP3
            CMP     Step_mode，#_MD4
            BZ      $STEP4
            MOV     Step_mode，#_MD1
            RET
; ##############
; STEP1
; ##############
STEP1:
            CLR1    P12.3                           ; AB
            CLR1    P14.3
            SET1    P12.4
            SET1    P14.5
            RET
; ##############
; STEP2
; ##############
STEP2:
            CLR1    P12.4                           ; /AB
            CLR1    P14.3
            SET1    P12.3
            SET1    P14.5
            RET
; ##############
; STEP3
; ##############
STEP3:
            CLR1    P12.4                           ; /A/B
            CLR1    P14.5
            SET1    P12.3
            SET1    P14.3
            RET
; ##############
; STEP4
; ##############
STEP4:
            CLR1    P12.3                           ; A/B
            CLR1    P14.5
            SET1    P12.4
            SET1    P14.3
            RET
```

2. 使用软件仿真验证实验结果

SM + 的 I/O Panel 中没有步进电机这个控件，不能直接看到电机转动的情况，但是我们可以通过观察控制步进电机的端口 P123、P124、P143、P145 的时序图来验证实验结果。

在 PM + 中对各文件进行编译（compile），并建立（build）项目文件，在 SM + 中进行仿真（该部分的详细操作见 KEY & LED 实验，此处不再赘述）。

用 SM + 进行仿真：

（1）设置时序仿真工具。对 Timing Chart 设置的具体步骤参见点阵式 LCD 的控制实验。设置后的画面如图 5－56 所示。

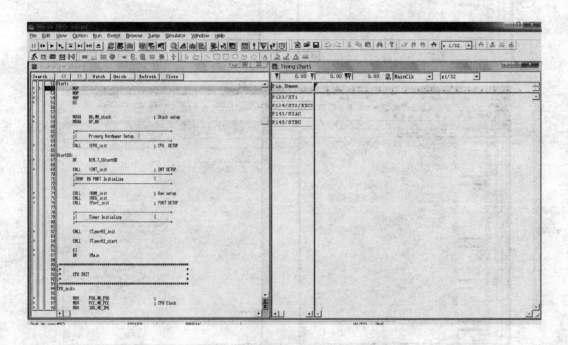

图 5－56 设置时序仿真工具

（2）程序仿真。由上所述，步进电机的导通相是由端口 P123、P124、P143、P145 来控制的，并利用定时器 H1 的间隔定时功能，产生定时信号，控制步进电机的脉冲宽度。

全速执行程序后，可看到 Timing Chart 中出现如下时序图：

由图 5－57，我们可以看到，经过固定的时间间隔（80ms），步进电机的导通相变换一次，即端口 P123、P124、P143、P145 输出高低电平变换一次，以此来控制步进电机转动。

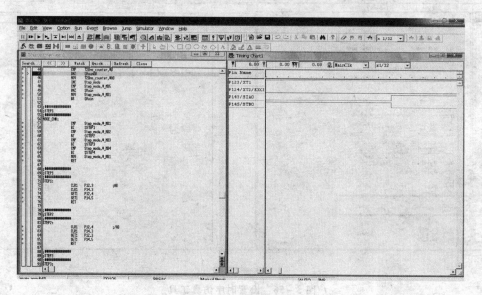

图 5 - 57　仿真结果

5.6　音乐键 + 喇叭控制

5.6.1　实验目的

◇ 了解 A/D 转换器的工作原理
◇ 掌握利用 NEC 微处理器内部 A/D 转换器进行按键控制的原理及编程方法

◇了解喇叭的工作原理

◇掌握利用定时器的方波输出功能控制喇叭的原理及编程方法

5.6.2　实验内容

◇利用 NEC 微处理器的 A/D 转换器读取 16 个音乐键的状态

◇根据按键状态控制定时器方波输出的频率，从而控制喇叭发出不同的声音

5.6.3　预备知识

◇掌握在 SP78K0 集成开发环境中编写和调试程序的基本过程

◇了解 NEC 应用程序的框架结构

◇了解 A/D 转换器的原理

◇了解定时器的方波输出控制原理

◇了解喇叭的工作原理

5.6.4　实验原理

1. 硬件接口

（1）16 个音乐键的接口。

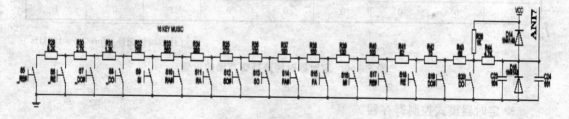

图 5－58　音乐键控制接口

（2）喇叭控制接口。

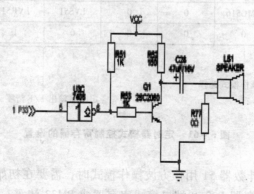

图 5－59　喇叭控制接口

2. 资源占用

表 5 - 14　占用 MCU 资源列表

资源	I/O	功能
P27/ANI7	I	A/D 转换器输入端口，用于采样 16 个音乐键按下时的电压
P33/TO51	O	定时器 51 的输出端口，用于喇叭控制
定时器 H1	-	间隔定时，用于各种定时控制

3. 所用资源初始化

（1）定时器初始化。

①所用定时器。

➤ Timer H1 用于定时处理

➤ Timer 50 用于输出方波，控制喇叭发声

②定时器操作要用到的端口。

➤ P33/TO5 用作定时器 51 的输出端口，控制喇叭

③相关寄存器设置。

◇定时器时钟选择寄存器

TCL51	7	6	5	4	3	2	1	0
	0	0	0	0	0	TCL502	TCL501	TCL500
	0	0	0	0	0	1	0	1

计数时钟选择 = fprs/2^6 = 125kHz

图 5 - 60　定时器时钟选择寄存器的设置

◇ 定时器模式控制寄存器

TMC51	7	6	5	4	3	2	1	0
	TCE51	TMC516	0	0	LVS51	LVR51	TMC511	TOE51
	0	0	0	0	0	1	1	1

TM51 计数操作控制

TM51 操作模式选择

定时器输出 F/F 清零

允许反转操作

允许定时器输出

图 5 - 61　定时器模式控制寄存器的设置

8 位定时器/事件计数器 51 用作方波操作模式时，需要在初始化中进行如下操作：

<1>端口输出锁存器 P33 和端口模式寄存器或 PM33 清零；

<2>设置各控制寄存器；

<3>设置 TCE51 = 1，开始计数；

<4>通过 TM51 与 CR51 的匹配，反转定时器输出 F/F。产生 INTTM51 后将 TM51 清零（00H）。

设置 TCE51 = 0，可停止计数。

（2） A/D 初始化。

①A/D 操作要用到的端口。

➤ P27/ANI7 用作 A/D 转换器输入端口，采样 16 个音乐键按下时的电压

②相关寄存器设置。

◇ A/D 转换器模式寄存器

ADM	7	6	5	4	3	2	1	0
	ADCS	0	FR2	FR1	FR0	LV1	LV0	ADCE
	0	0	0	0	0	0	0	0

A/D 转换操作控制　　　A/D 转换时间的选择 = 264/fprs = 33μs，转换时钟（fAD） = fprs/12 ≈ 666kHz　　　比较器操作控制

图 5 – 62　A/D 转换器模式寄存器的设置

◇ A/D 端口配置寄存器

ADPC	7	6	5	4	3	2	1	0
	0	0	0	0	ADPC3	ADPC2	ADPC1	ADPC0
	0	0	0	0	0	0	1	0

模拟输入（A）/数字 I/O（D）的切换 P27 ~ P20：AAAAAADD

图 5 – 63　A/D 端口配置寄存器 ADPC 的设置

◇ 模拟输入通道选择寄存器

ADS	7	6	5	4	3	2	1	0
	0	0	0	0	0	ADS2	ADS1	ADS0
	0	0	0	0	0	1	1	1

模拟输入通道的选择：ANI7

图 5 – 64　模拟输入通道选择寄存器 ADS 的设置

A/D 转换器在初始化中需要进行如下操作：

<1>由上所述，对 A/D 转换器的各寄存器进行设置；

<2>设置中断请求标志寄存器 IF1L 的第 0 位 ADIF 为 0；

<3>把 A/D 转换器模式寄存器的第 0 位（ADCE）置 1，启动比较器的操作；

然后由硬件自动完成以下步骤：

<4>由采样和保持电路对输入到已选中的模拟输入通道的电压进行采样；

<5>在经过一定时间的采样后，采样和保持电路处于保持状态，且在 A/D 转换操作结束前一直保持采样电压；

<6>设置逐次逼近寄存器（SAR）的第 9 位，通过分接选择器将串联电阻串的分接电压置为（1/2）AVREF；

<7>由电压比较器比较串联电阻串的分接电压与采样电压，如果模拟输入电压高于（1/2）AVREF，则 SAR 的 MSB = 1；如果模拟输入电压低于（1/2）AVREF，则 SAR 的 MSB = 0；

<8>接下来，SAR 的第 8 位自动置 1，并进入下一个比较过程。根据第 9 位的预置值选择串联电阻串的分接电压，具体描述如下：

第 9 位 = 1：（3/4）AVREF

第 9 位 = 0：（1/4）AVREF

比较分接电压与采样电压，并设置 SAR 的第 8 位，如下所示：

模拟输入电压 ≥ 分接电压：第 8 位 = 1

模拟输入电压 < 分接电压：第 8 位 = 0

<9>按此方式继续进行比较，直至 SAR 的第 0 位；

<10>全部 10 位比较完成后，在 SAR 中保留一个有效的数值结果，然后将结果传送至 A/D 转换结果寄存器（ADCR，ADCRH）中，并锁存；同时也会产生 A/D 转换结束中断请求（INTAD）；

<11>反复执行步骤 <4> ~ <10>，直至 ADCS 被清零（0）。

将 ADCS 清零，以停止 A/D 转换器操作。

当 ADCE = 1 时，若要重新启动 A/D 转换操作，应从步骤 <8> 开始。当 ADCE = 0 时，若要再次启动 A/D 转换操作，设置 ADCE = 1，等待至少 1μs，然后从步骤 <8> 开始操作。如要改变 A/D 转换的通道，则从步骤 <7> 开始。

注意：必须确保 <4> ~ <8> 的操作时间至少为 1μs。

（3）串行口 CSIA0 的初始化操作见直流电机控制实验。

5.6.5 实验方法

1. 程序设计

功能描述：

①利用 A/D 转换器采样 16 个音乐键按下时的电压，根据采样数据确定哪一个键被按下。

②利用定时器 51 产生方波控制喇叭发声。根据按键值查找对应于定时器 51 的计数值，并以此值更新 CR51，从而控制喇叭发出不同频率的声音。

表 5 - 15 是音乐键、A/D 转换值、定时器 51 的计数值之间的对应关系表。

表 5 - 15　音乐键、A/D 转换值、定时器 51 计数值对应表

键值		音乐键	A/D 转换值	CR51 计数值
_Do	0	do	00 - 07h	119
_DoH	1	do#	08 - 17h	113
_Re	2	re	18 - 27h	107
_ReH	3	re#	28 - 37h	100
_Mi	4	Mi	38 - 47h	95
_Fa	5	Fa	48 - 57h	90
_FaH	6	Fa#	58 - 67h	84
_So	7	so	68 - 77h	80
_SoH	8	so#	78 - 87h	75
_La	9	La	88 - 97h	70
_LaH	10	La#	98 - A7h	67
_Si	11	Si	A8 - B7h	63
_Do_h	12	do	B8 - C7h	60
_DoH_h	13	do#	C8 - D7h	56
_Re_h	14	re	D8 - E7h	53
_ReH_h	15	re#	E8 - F7h	50
_None	OFFH	none	F8 - FFh	0

程序设计中所调用的主要函数如表 5 - 16 所示。

表 5 - 16　音乐键 + 喇叭控制程序组件说明

函数名	功能
StartAD	选择 ANI7 作为 A/D 输入端口，初始化相关寄存器，启动 A/D 转换
Read_A/D	累计 8 次的 A/D 转换值，用于消除噪音控制
AD_Process	计算 8 次 A/D 转换值的平均值，并作为一次有效的 A/D 采样值，用于按键识别
KEY	按键识别，获得按键值
MUSIC	根据按键值查找 CR51 的对应表，获得一个 CR51 的设置值，用于控制喇叭发声

主程序流程图：

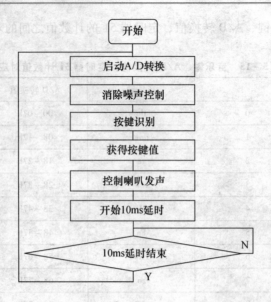

程序清单如下：

Main：

```
        CALL   !StartAD
        CALL   !Read_AD                          ; READ AD 8 TIMES AND STOP AD
        CALL   !AD_Process
        CALL   !KEY
        CALL   !MUSIC
        MOV    T20ms_counter, #10
Main00：
        CMP    T20ms_counter, #0
        BZ     $Main
        BR!    Main00
```

（1）启动 A/D 模块程序设计。

```
/ ***************************************************
* 程序名：START_AD
* 功能：选择 ANI7 作为 AD 输入端口，初始化相关寄存器，启动 AD 转换
* 入口参数：无
* 出口参数：无
*************************************************** /
```

程序流程图如下所示：

程序清单如下：

StartAD：

```
        MOV   A，#0
        MOV   AD_REGX，A
        MOV   AD_REGA，A
        MOV   AD_counter，A
        MOV   AD_Value，A
        CLR1  ADIF
        MOV   ADS，#7；        Select ANI7 as AD chanel
        SET1  ADCS
StartAD_END：
        RET
```

（2）消除噪声模块程序设计。

```
/***********************************************************
* 程序名：READ_AD
* 功能：累计 8 次的 AD 转换值，用于消除噪声控制
* 入口参数：ADS，ADCRH
* 出口参数：ADS，ADCRH
***********************************************************/
```

程序流程图如下所示：

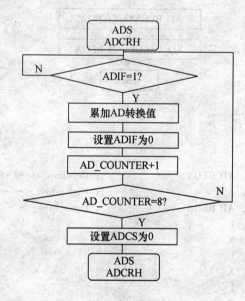

程序清单如下：

Read_AD：

```
        BF    ADIF，$ Read_AD         ; AD stop status or AD is not prepared
        MOV   A，ADCRH                ; channel 0 converting
        ADD   A，AD_REGX              ; AD data accumulate
        MOV   AD_REGX，A
        ADDC  AD_REGA，#0
AD_END：
        CLR1  ADIF
```

```
        INC     AD_counter
        CMP     AD_counter, #8                    ; Converted 10 times?
        BNZ     $ Read_AD
        CLR1    ADCS
AD_END10:
        RET
```

（3）噪声处理模块程序设计。

```
/ ***********************************************************
* 程序名：AD_PROCESS
* 功能：噪声处理，求 8 次转换的平均值，作为一次有效的采样值
* 入口参数：AD_REGA, AD_REGX
* 出口参数：AD_VALUE
*********************************************************** /
```

程序流程图如下所示：

程序清单如下：

```
AD_Process:
        MOV     A, AD_REGX                ; Debounce speed value
        MOV     X, A                      ; High – byte – – – > X
        MOV     A, AD_REGA                ; Low – byte – – – > A
        ROR     A, 1
        XCH     A, X
        RORC    A, 1
        XCH     A, X
        ROR     A, 1
        XCH     A, X
        RORC    A, 1
        XCH     A, X
        ROR     A, 1
        XCH     A, X
        RORC    A, 1
        MOV     AD_Value, A
AD_ProcessEND:
        RET
```

（4）按键识别模块程序设计。

```
/ ***************************************************
* 程序名：KEY
* 功能：按键识别，获得按键值
* 入口参数：AD_VALUE
* 出口参数：KEY_VALUE
*************************************************** /
```

程序流程图如下所示：

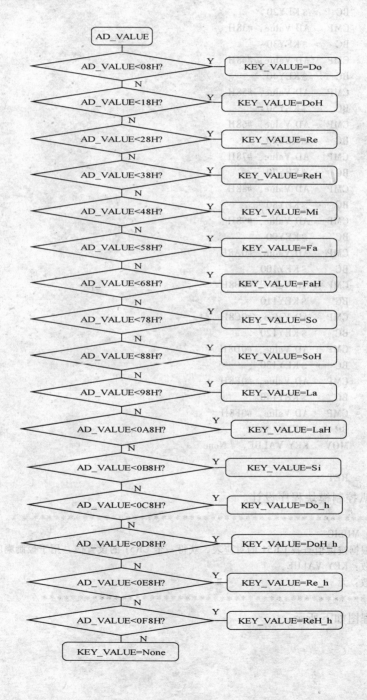

程序（主要部分）清单如下：

KEY:

```
        CMP     AD_Value, #08H
        BC      $KEY00
        CMP     AD_Value, #18H
        BC      $KEY10
        CMP     AD_Value, #28H
        BC      $KEY20
        CMP     AD_Value, #38H
        BC      $KEY30
        CMP     AD_Value, #48H
        BC      $KEY40
        CMP     AD_Value, #58H
        BC      $KEY50
        CMP     AD_Value, #68H
        BC      $KEY60
        CMP     AD_Value, #78H
        BC      $KEY70
        CMP     AD_Value, #88H
        BC      $KEY80
        CMP     AD_Value, #98H
        BC      $KEY90
        CMP     AD_Value, #0A8H
        BC      $KEY100
        CMP     AD_Value, #0B8H
        BC      $KEY110
        CMP     AD_Value, #0C8H
        BC      $KEY120
        CMP     AD_Value, #0D8H
        BC      $KEY130
        CMP     AD_Value, #0E8H
        BC      $KEY140
        CMP     AD_Value, #0F8H
        BC      $KEY150
        MOV     KEY_VALUE, #_None
```

KEY_END:

```
        RET
```

（5）喇叭控制模块程序设计。

```
/ ***************************************************
* 程序名：MUSIC
* 功能：根据按键值查找 CR51 的对应表，获得一个 CR51 的设置值，用于控制喇叭发声
* 入口参数：KEY_VALUE
* 出口参数：无
***************************************************** /
```

程序流程图如下所示：

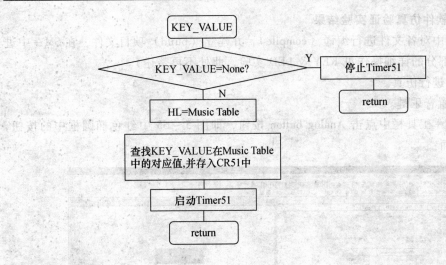

程序清单如下：

MUSIC：

```
            CMP    KEY_VALUE, #_None
            BZ     $MUSIC00
            MOVW   HL, #MusicTable
            MOV    A, KEY_VALUE
            MOV    B, A
            MOV    A, [HL + B]
            MOV    CR51, A
            CALL   !Timer51_start
USIC_END：
            RET
MUSIC00：
            CALL   !Timer51_stop
            BR     !MUSIC_END
MusicTable：
            DB     119
            DB     113
            DB     107
            DB     100
            DB     95
            DB     90
            DB     84
            DB     80
            DB     75
            DB     70
            DB     67
            DB     63
            DB     60
            DB     56
            DB     53
            DB     50
            DB     0
```

2. 使用软件仿真验证实验结果

在 PM + 中对各文件进行编译（compile），并建立（build）项目文件，在 SM + 中进行仿真（该部分的详细操作见 KEY & LED 实验，此处不再赘述）。

用 SM + 进行仿真。

（1）设置音乐键。

①在 SM + 工具栏中点击 Analog button 按钮，即图 5 – 65 中红色椭圆框中的按钮，出现如下画面：

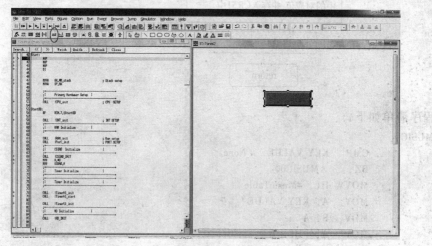

图 5 – 65　Analog button

②对 Analog button 的属性进行设置：

双击图 5 – 65 中蓝色按钮，打开模拟按钮属性页，进行如下设置：

➤ 端口（pin name）选择：P27 作为模拟信号的输入端口

➤ 电压（voltage）选择：以 300MV 为间隔，设置每个标签（lable）的电压值

设置完的画面如图 5 – 66 所示。

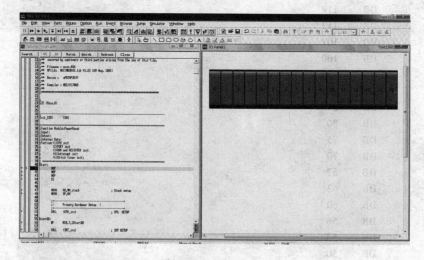

图 5 – 66　设置 Analog button

（2）设置 Timing Chart。SM + 仿真软件中没有 Speaker 仿真控件，在此，我们用 Timing Chart 查看 Timer 51 工作在方波输出模式时 P33/TO51 端口输出的时序图。

设置后的画面如图 5 - 67 所示。

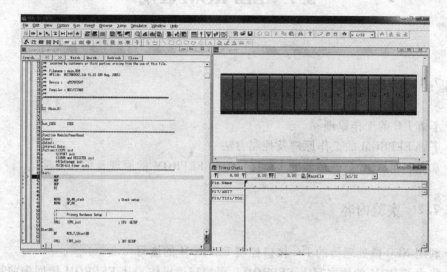

图 5 - 67　设置时序仿真工具

（3）程序仿真。按照上述步骤对 SM + 进行设置后，用全速执行对程序进行仿真，仿真截图如图 5 - 68 所示。

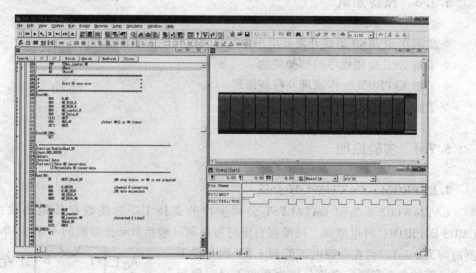

图 5 - 68　仿真结果

如图 5 - 68，按下模拟按键 15，可以看到 P27 变为高电平，然后 P33 输出波形的频率发生了变化。通过程序，我们可以知道，当按键值发生变化后，经过 AD 采样、保持、量化和编码，得到 AD 转换值，并通过这个转换值得到相应的 KEY_VALUE 值，并在 Music Table 中找到相应的 CR51 计数值，最后由 Timer 51 的输出端口 P33/TO51 输出方波，控制喇叭（Speaker）发出声音。

5.7 EEPROM 控制

5.7.1 实验目的

◇ 了解 I^2C 的工作原理

◇ 了解 EEPROM 的工作原理及控制方法

◇ 掌握利用 NEC 微处理器的 I^2C 接口控制 EEPROM 的原理及编程方法

5.7.2 实验内容

◇ 利用 NEC 微处理器的 I^2C 接口控制 EEPROM 的读写

◇ 将内部 ROM 的数据写入 EEPROM，再执行读操作，从 EEPROM 读回先前写入的数据并在 LCD 上显示读回的内容

5.7.3 预备知识

◇ 掌握在 SP78K0 集成开发环境中编写和调试程序的基本过程

◇ 了解 NEC 应用程序的框架结构

◇ 了解 EEPROM 工作原理及控制原理

◇ 了解 I^2C 控制原理

5.7.4 实验原理

1. EEPROM – CAT24WC02 介绍

CAT24WC02 是美国 CATALYST 公司生产的支持 I^2C 总线数据传送协议的串行 CMOS E2PROM，可电擦除，可编程自定时写周期（包括自动擦除时间不超过 10ms，典型时间为 5ms）。可在电源电压低到 1.8V 的条件下工作，等待电流和额定电流分别为 0 和 3mA。串行 EEPROM 一般具有两种写入方式，一种是字节写入方式，还有另一种页写入方式。允许在一个写周期内同时对 1 个字节到一页的若干字节的编程写入，1 页的大小取决于芯片内页寄存器的大小。CAT24 WC02 具有 16 字节数据的页面写能力。

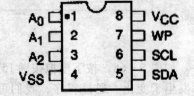

图 5 – 69 CAT24WC02 引脚图

（1）引脚描述。CAT24WC02 的封装形式有 8 脚 DIP 封装和 8 脚表面安装的 SOIC 封装，引脚排列图如图 5-69 所示。

SCL：串行时钟。这是一个输入引脚，用于产生设备所有数据发送或接收的时钟。

SDA：串行数据/地址。这是一个双向传输端，用于传送地址和所有数据的发送或接收。它是一个漏极开路端，因此要求接一个上拉电阻到 Vcc 端（典型值为：100kHz 是为 10k，400kHz 时为 1k）。对于一般的数据传输，仅在 SCL 为低期间 SDA 才允许变化。在 SCL 为高期间变化，留给指示 START（开始）和 STOP（停止）条件。

A0、A1、A2：设备地址输入端。这些输入端用于多个设备级联时设置设备地址，当这些脚悬空时默认值为 0（CAT24WC01 除外）。

WP：写保护。如果 WP 引脚连接到 Vcc，所有的内容都被写保护（只能读）。当 WP 引脚连接到 Vss 或悬空，允许设备进行正常的读/写操作。

Vss 和 Vcc：分别为地和电源引脚。

（2）CAT24WC02 的寻址。

①从设备地址。

主设备通过发送一个起始信号启动发送过程，然后发送它所要寻址的从设备的地址。8 位从设备地址 D7~D0 的含义如下：

D7~D4：固定为 1010，作为控制码。

D3~D1：代表 A2、A1、A0，为设备的片选信号或作为存储器页地址选择位，最多可以连接 8 个 CAT24WC002。

D0：作为读写控制位。"1"表示对从设备进行读操作，"0"表示对从设备进行写操作。

数据格式为：

1	0	1	0	A2	A1	A0	1/0

②应答信号。CAT24WC02 传输协议中规定，每成功传送一个字节数据后，接收方必须产生一个应答信号。应答信号的产生是通过在第 9 个时钟周期时将 SDA 线拉低实现的，表示其已收到一个 8 位数据。

CAT24WC02 在接收到起始信号和从设备地址之后响应一个应答信号，如果在写操作模式下，则在每接收一个 8 位字节之后响应一个应答信号；如果在读操作模式下，则在发送一个 8 位数据后释放 SDA 线并监视一个应答信号，一旦接收到应答信号，CAT24WC02 继续发送数据，如主设备没有发送应答信号，则 CAT24WC02 停止传送数据并等待一个停止信号。主设备必须发一个停止信号给 CAT24WC02 使其进入备用电源模式并使设备处于已知的状态。应答时序图如图 5-70 所示。

（3）写操作方式。

①字节写。在字节写模式下，主设备发送起始命令和从设备地址信息（R/W 位置 0）给从设备，主设备在收到从设备产生应答信号后，主设备发送 1 个 8 位字节地址写入 CAT24WC01/02/04/08/16 的地址指针，对于 CAT24WC31/64/128/256 来说，所不同的是主设备发送两个 8 位地址字写入 CAT24WC32/64/128/256 的地址指针。主设备在收

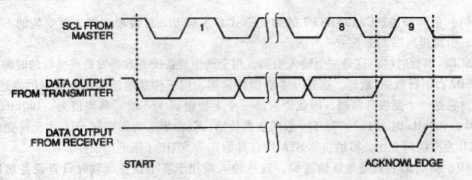

图 5 - 70　CAT24WC02 应答时序图

到从设备的另一个应答信号后，再发送数据到被寻址的存储单元。CAT24WCXX 再次应答，并在主设备产生停止信号后开始内部数据的擦写，在内部擦写过程中，CAT24WC02 不再应答主设备的任何请求。

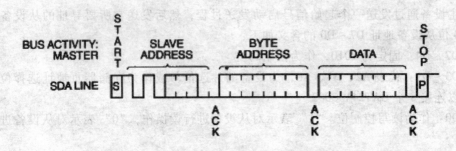

图 5 - 71　CAT24WC02 的字节写时序

②页写。在页写模式下，CAT24WC01/02/04/08/16/32/64/128/256 可一次写入 8/16/16/16/16/32/32/64/64 个字节数据。页写操作的启动和字节写一样，不同的在于传送了 1 字节数据后并不产生停止信号。主设备被允许发送 P（CAT24WC01：P = 7；CAT24WC02/04/08/16：P = 15；CAT24WC32/64：P = 31；CAT24WC128/256：P = 63）个额外的字节。每发送一个字节数据后 CAT24WCXX 产生一个应答位，且内部低 3/3/4/4/4/5/5/5/6 位地址加 1，高位保持不变。如果在发送停止信号之前主设备发送超过 P + 1 个字节，地址计数器将自动翻转，先前写入的数据被覆盖。接收到 P + 1 字节数据和主设备发送的停止信号后，CAT24WCXX 启动内部写周期将数据写到数据区。所有接收的数据在一个写周期内写入 CAT24WCXX。

页写时应该注意设备的页"翻转"现象，如 CAT24WC01 的页写字节数为 8，从 0 页首址 00H 处开始写入数据，当页写入数据超过 8 个时，会页"翻转"；若从 03H 处开始写入数据，当页写入数据超过 5 个时，会页"翻转"，其他情况依此类推。

③应答查询。可以利用内部写周期时禁止数据输入这一特性。一旦主设备发送停止位指示主设备操作结束时，CAT24WCXX 启动内部写周期，应答查询立即启动，包括发送一个起始信号和进行写操作的从设备地址。如果 CAT24WCXX 正在进行内部写操作，

不会发送应答信号。如果 CAT24WCXX 已经完成了内部自写周期,将发送一个应答信号,主设备可以继续进行下一次读写操作。

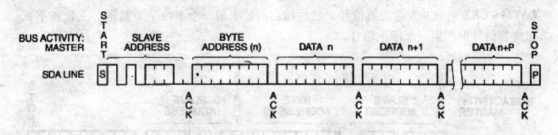

图 5 – 72 CAT24WC02 的页写时序

④写保护。写保护操作特性可使用户避免由于不当操作而造成对存储区域内部数据的改写,当 WP 引脚接高时,整个寄存器区全部被保护起来而变为只可读取。CAT24WCXX 可以接收从设备地址和字节地址,但是装置在接收到第一个数据字节后不发送应答信号从而避免寄存器区域被编程改写。

(4)读操作方式。对 CAT24WCXX 读操作的初始化方式和写操作时一样,仅把 R/W 位置为 1,有三种不同的读操作方式:读当前地址内容、读随机地址内容、读顺序地址内容。

①立即地址读取。CAT24WCXX 的地址计数器内容为最后操作字节的地址加 1。也就是说,如果上次读/写的操作地址为 N,则立即读的地址从地址 N + 1 开始。如果 N = E(CAT24WC01,E = 127;CAT24WC02,E = 255;CAT24WC04,E = 511;CAT24WC08,E = 1023;CAT24WC16,E = 2047;CAT24WC32,E = 4095;CAT24WC64,E = 8191;CAT24WC128,E = 16383;CAT24WC256,E = 32767),则计数器将翻转到 0 且继续输出数据。CAT24WCXX 接收到从设备地址信号后(R/W 位置 1),它首先发送一个应答信号,然后发送一个 8 位字节数据。主设备不需发送一个应答信号,但要产生一个停止信号。

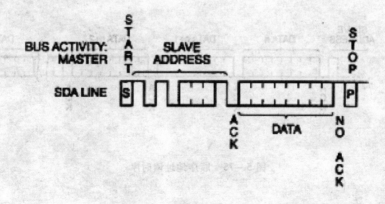

图 5 – 73 立即地址读时序

②随机地址读取。随机读操作允许主设备对寄存器的任意字节进行读操作，主设备首先通过发送起始信号、从设备地址和它想读取的字节数据的地址执行一个伪写操作。在 CAT24WCXX 应答之后，主设备重新发送起始信号和从设备地址，此时 R/W 位置 1，CAT24WCXX 响应并发送应答信号，然后输出所要求的一个 8 位字节数据，主设备不发送应答信号但产生一个停止信号。

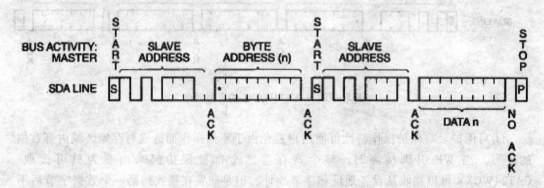

图 5－74　随机地址读时序

③顺序地址读取。顺序读操作可通过立即读或选择性读操作启动。在 CAT24WCXX 发送完一个 8 位字节数据后，主设备产生一个应答信号来响应，告知 CAT24WCXX 主设备要求更多的数据，对应每个主设备产生的应答信号 CAT24WCXX 将发送一个 8 位数据字节。当主设备不发送应答信号而发送停止位时结束此操作。从 CAT24WCXX 输出的数据按顺序由 N 到 N＋1 输出。读操作时地址计数器在 CAT24WCXX 整个地址内增加，这样整个寄存器区域可在一个读操作内全部读出。当读取的字节超过 E（CAT24WC01，E = 127；CAT24WC02，E = 255；CAT24WC04，E = 511；CAT24WC08，E = 1023；CAT24WC16，E = 2047；CAT24WC32，E = 4095；CAT24WC64，E = 8191；CAT24WC128，E = 16383；CAT24WC256，E = 32767），计数器将翻转到零并继续输出数据字节。

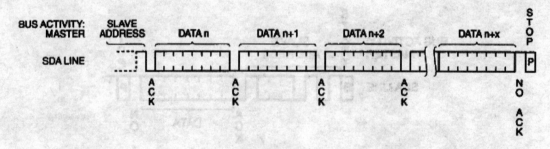

图 5－75　顺序地址读时序

2. 硬件接口

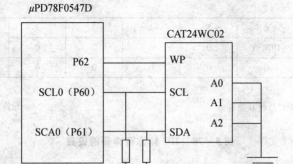

图 5 – 76　I^2C 应用示例连接图

3. 资源占用

表 5 – 17　占用 MCU 资源列表

资源	I/O	功能
SDA0	O	串行数据输入输出，使用开漏输出，因此需配置上拉电阻
SCL0	O	串行时钟输入输出，使用开漏输出，因此需配置上拉电阻
P62	O	WP，写保护控制
定时器 H1	–	间隔定时，用于各种定时控制

4. 所用资源初始化

（1）IIC 初始化。

①IIC 操作要用到的端口：

➤ P60/SCL0 作为串行时钟输入输出端口

➤ P61/SDA0 作为串行数据输入输出端口

②相关寄存器设置：

◇ IIC 控制寄存器

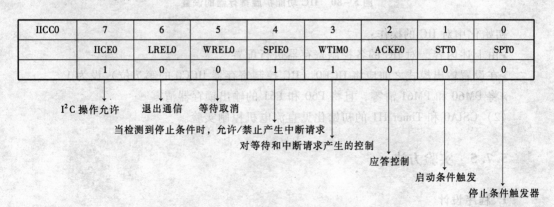

IICC0	7	6	5	4	3	2	1	0
	IICE0	LREL0	WREL0	SPIE0	WTIM0	ACKE0	STT0	SPT0
	1	0	0	1	1	0	0	0

I^2C 操作允许　　退出通信　　等待取消

当检测到停止条件时，允许/禁止产生中断请求

对等待和中断请求产生的控制

应答控制

启动条件触发

停止条件触发器

图 5 – 77　IIC 控制寄存器的设置

◇ IIC 标志寄存器

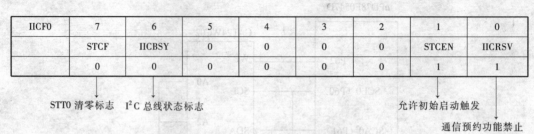

IICF0	7	6	5	4	3	2	1	0
	STCF	IICBSY	0	0	0	0	STCEN	IICRSV
	0	0	0	0	0	0	1	1

STT0 清零标志 I²C 总线状态标志

允许初始启动触发

通信预约功能禁止

图 5-78 IIC 标志寄存器的设置

◇ IIC 时钟选择寄存器

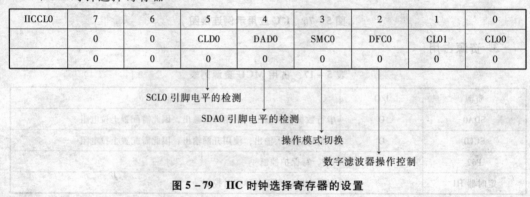

IICCL0	7	6	5	4	3	2	1	0
	0	0	CLD0	DAD0	SMC0	DFC0	CL01	CL00
	0	0	0	0	0	0	0	0

SCL0 引脚电平的检测

SDA0 引脚电平的检测

操作模式切换

数字滤波器操作控制

图 5-79 IIC 时钟选择寄存器的设置

◇ IIC 功能扩展寄存器

IICX0	7	6	5	4	3	2	1	0
	0	0	0	0	0	0	1	CLX0
	0	0	0	0	0	0	0	0

与 IICCL0 的 SMC0, CL01 和 CL00 一起决定时钟选择：fw = fprs/2 = 4MHz 传送时钟：fw/44 = 91kHz

图 5-80 IIC 功能扩展寄存器的设置

初始化中对 IIC 的操作：
➢由上述内容，对 IIC 的各控制寄存器进行配置
➢在设置输出模式之前应将 IICE0（IIC 控制寄存器 IICC0 的第 7 位）设为 1
➢将 PM60 和 PM61 清零，且将 P60 和 P61 的输出锁存器清零
（2）CSIA0 和 Timer H1 的初始化见直流电机控制实验。

5.7.5 实验方法

1. 程序设计

功能描述：

①利用 I^2C 总线控制，将内部 FLASH 中的数据写入到 EEPROM；

②利用 I^2C 总线控制，读取 EEPROM 的数据，并将读取的内容在 LCD 上显示出来。

程序设计中所调用的主要函数如表 5 - 18 所示：

表 5 - 18　EEPROM 控制程序组件说明

程序名	功能
EEPROM	EEPROM 读写控制
EEPROM_WR	向 EEPROM 发送控制码，建立 I^2C 通信，进行页写操作
ACK_CHECK	应答查询，用于主设备发送停止位指示主设备操作结束后，重新进行下一次读写操作的情况。当主设备发送停止位指示主设备操作结束后，CAT24WCXX 启动内部写周期，应答查询立即启动，包括发送一个起始信号和从设备地址的写操作。如果 CAT24WCXX 正在进行内部写操作，不会发送应答信号。如果 CAT24WCXX 已经完成内部自写周期，将发送一个应答信号，主设备可以继续进行下一次读写操作
EEPROM_RD	向 EEPROM 发送控制码，建立 I^2C 通信，进行顺序读操作
EEPROM_CNT	用于 EEPROM 读写操作之前的通信建立，即数据写入 EEPROM 或从 EEPROM 读出数据之前的时序控制，包括：产生起始条件、发送 EEPROM 方向控制码、发送字节地址。例如，在字节写、页写、随机读、顺序读操作时，都需要调用这个子程序建立通信
IIC_TRANSFER	将 FLASH 中的数据发送给 EEPROM，直至检测到 20H 之后退出程序
IIC_RECEIVE	从 EEPROM 接收数据并存入缓冲区，直至接收到 00H 之后退出程序
LCD	在 LCD 上显示读取的字符数据

主程序流程图：

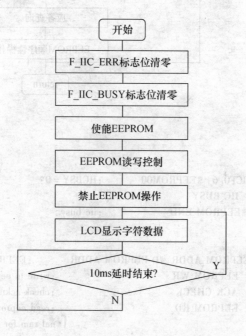

程序清单如下：

```
Main：
        CLR1    F_IIC_ERR
        CLR1    F_IIC_BUSY              ;REVEIVE CORRECTLY
        CALL    ! SEL_EEPROM            ;select eeprom
        CALL    ! EEPROM               ;eeprom read first,then write
        CALL    ! DISSEL_EEPROM          ;eeprom write protection
Main00：
        CALL    ! LCD                  ;display content from eeprom
Main10：
        BTCLR   F_10MS, $Main00
        BR      Main10
```

（1）EEPROM 读写模块程序设计。

```
/***************************************************
* 程序名:EEPROM
* 功能:EEPROM 读写控制
* 入口参数:IICF0.6
* 出口参数:无
***************************************************/
```

程序流程图如下所示：

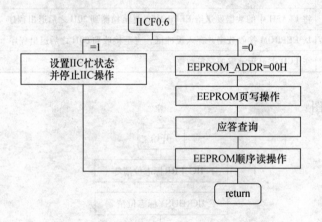

程序清单如下：

```
EEPROM：
        BF      IICF0.6, $EEPROM00       ;IICBSY = 0?
        CALL    ! IIC_BUSY
        BR      $EEPROM_END            ;iic busy.


EEPROM00：
        MOV     EEPROM_ADDR,#D_EEPROM_ADDR      ;EEPROM ADDRESS = 00H
        CALL    ! EEPROM_WR            ;write to eeprom from internal memory
        CALL    ! ACK_CHECK           ;check acknowlage signal sent from eeprom
        CALL    ! EEPROM_RD           ;read eeprom from 00h and save to inter-
                                      nal ram for display
```

EEPROM_END:

   RET

（2）页写模块程序设计。

```
/*****************************************************
* 程序名:EEPROM_WR
* 功能:向 EEPROM 发送控制码,建立 I²C 通信,进行页写操作
* 入口参数:F_IIC_ERR,F_IIC_BUSY
* 出口参数:HL
*****************************************************/
```

程序流程图如下所示：

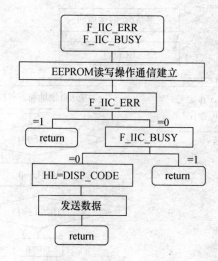

程序清单如下：

EEPROM_WR:

CALL	! EEPROM_CNT	; start operation
BT	F_IIC_ERR, $EEPROM_WR_END	
BT	F_IIC_BUSY, $EEPROM_WR_END	
MOVW	HL,#DISP_CODE	; internal memory ADDRESS – – > (HL) for sendding to eeprom
CALL	! IIC_TRANSFER	; transmit

EEPROM_WR_END:

   RET

（3）应答查询模块程序设计。

```
/*****************************************************
```

* 程序名:ACK_CHECK

* 功能:应答查询,用于主设备发送停止位指示主设备操作结束后,重新进行下一次读写操作的情
  况。当主设备发送停止位指示主设备操作结束后,CAT24WCXX 启动内部写周期,应答查
  询立即启动,包括发送一个起始信号和从设备地址的写操作。如果 CAT24WCXX 正在进行
  内部写操作,不会发送应答信号。如果 CAT24WCXX 已经完成内部自写周期,将发送一个
  应答信号,主设备可以继续进行下一次读写操作

* 入口参数：IICF0，IF1H，IICS0
* 出口参数：IF1H
***/

程序流程图如下所示：

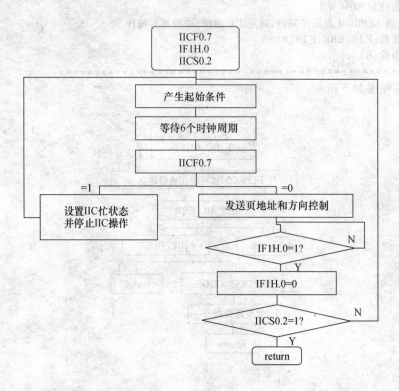

程序清单如下：

ACK_CHECK：

```
            CALL    ! START_CONDITION       ;generate start condition FOR ACK CHECK
            NOP
            NOP
            NOP
            NOP
            NOP
            NOP                             ;WAIT 6 CLOCK
            BF      IICF0.7, $ACK_CHECK000  ;STCF = 0? N:START unsuccessful
            CALL    ! IIC_BUSY
            BR      $ACK_CHECK
ACK_CHECK000：
            MOV     IIC0,#D_SLAVE_WR        ;SEND PAGE ADDRESS AND DIRECTION
                                            CONTROL for;eeprom raed
ACK_CHECK00：
            BF      IF1H.0, $ACK_CHECK00    ;INTIIC0 = 1?
            CLR1    IF1H.0
ACK_CHECK10：
```

```
        BT        IICS0. 2 ,$ACK_CHECK_END        ;Yes(address transfer completion);ACKD0 =1?
        BR        $ACK_CHECK                       ;no, continue send start – condition
ACK_CHECK_END:
        RET
```

（4）EEPROM 通信模块程序设计。

```
/**************************************************
* 程序名:EEPROM_CNT
* 功能:用于 EEPROM 读写操作之前的通信建立,即数据写入 EEPROM 或从 EEPROM 读出数据之
       前的时序控制,包括:产生起始条件、发送 EEPROM 方向控制码、发送字节地址。例如,在
       字节写、页写、随机读、顺序读操作时,都需要调用这个子程序建立通信
* 入口参数:F_IIC_ERR,F_IIC_BUSY,IICF0,IICS0,IF1H
* 出口参数:IF1H
**************************************************/
```

程序流程图如下所示:

程序清单如下：

EEPROM_CNT:
```
        CALL   ! START_CONDITION
        NOP
        NOP
        NOP
        NOP
        NOP
        NOP                              ;WAIT 6 CLOCK
        BT     IICF0.7, $IIC_BUSY        ;STCF = 0? N:START unsuccessful
        MOV    IIC0,#D_SLAVE_WR          ;SEND PAGE ADDRESS AND DIRECTION CONTROL
EEPROM_CNT10:
        BF     IF1H.0, $EEPROM_CNT10     ;INTIIC0 = 1?
        CLR1   IF1H.0
        BT     IICS0.2, $EEPROM_CNT11    ;Yes (address transfer completion);ACKD0 = 1?
        CALL   ! IIC_ERR
        BR     $EEPROM_CNT_END
EEPROM_CNT11:
        MOV    A,! EEPROM_ADDR
        MOV    IIC0,A                    ;EEPROM ADDRESS SEND
EEPROM_CNT20:
        BF     IF1H.0, $EEPROM_CNT20     ;INTIIC0 = 1?
        CLR1   IF1H.0
        BF     IICS0.2, $ IIC_ERR                   ; Yes (address transfer completion);
                                                    ACKD0 = 1?: NO, TRANSFER ER-
                                                    ROR

EEPROM_CNT_END:
        RET
```

（5）顺序读模块程序设计。

```
/********************************************************
* 程序名:EEPROM_RD
* 功能:向 EEPROM 发送控制码,建立 I²C 通信,进行顺序读操作
* 入口参数:IICF0,IICS0,IF1H
* 出口参数:IF1H,IICS0
********************************************************/
```

程序流程图如下所示：

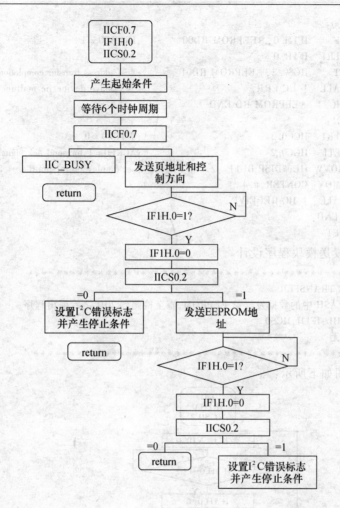

程序清单如下：

EEPROM_RD：

```
            CALL    ! EEPROM_CNT                ;start operation
            BT      F_IIC_ERR, $EEPROM_RD_END
            BT      F_IIC_BUSY, $EEPROM_RD_END
            CALL    ! START _ CONDITION         ; GENERATE START CONDITION for
                                                   sequence read
            NOP
            NOP
            NOP
            NOP
            NOP
            NOP                                 ;WAIT 6 CLOCK
            BF      IICF0. 7, $EEPROM_RD000     ;STCF0 = 0? N:START unsuccessful
            CALL    ! IIC_BUSY
            BR       $EEPROM_RD_END
EEPROM_RD000：
            MOV     IIC0, #D_SLAVE_RD           ;SEND ADDRESS for sequence - read AND DI-
                                                   RECTION CONTROL
```

```
EEPROM_RD00:
        BF      IF1H.0,$EEPROM_RD00        ;INTIIC0 = 1?
        CLR1    IF1H.0
        BT      IICS0.2,$EEPROM_RD01       ;Yes(address transfer completion);ACKD0 = 1?
        CALL    ! IIC_ERR                   ;slave device iic malfunction
        BR      $EEPROM_RD_END
EEPROM_RD01:
        CLR1    IICC0.3                    ;WTIM0 = 0
        SET1    IICC0.2                    ;ACKE0 = 1,for send ack signal from master device
        MOVW    HL,#DISP_BUFF              ;set display buffer point
        ;MOV    CONTER,#14
        CALL    ! IIC_RECEIVE
EEPROM_RD_END:
        RET
```

（6）数据发送模块程序设计。

```
/****************************************************
* 程序名:IIC_TRANSFER
* 功能:将 FLASH 中的数据发送给 EEPROM,直至检测到 20H 之后退出程序
* 入口参数:HL,IF1H,IICS0
* 出口参数:无
****************************************************/
```

程序流程图如下所示：

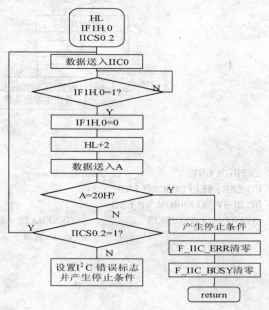

程序（主要部分）清单如下：

```
IIC_TRANSFER:
        MOV     A,[HL]                     ;data buffer is end?
        MOV     IIC0,A
IIC_TRANSFER00:
        BF      IF1H.0,$IIC_TRANSFER00     ;INTIIC0 = 1?
```

```
        CLR1   IF1H. 0
        INCW   HL
        MOV    A,[HL]                      ;data buffer is end?
        CMP    A,#20H
        BZ     $IIC_TRANSFER_END           ;YES,TRANSFER END
        BF     IICS0. 2, $IIC_ERR          ;Yes(address transfer completion);ACKD0  = 1?;
                                           NO,TRANSFER ERROR
        BR     $IIC_TRANSFER
IIC_TRANSFER_END:
        CALL   ! STOP_CONDITION
        CLR1   F_IIC_ERR
        CLR1   F_IIC_BUSY                   ;SEND CORRECTLY
        RET
```

（7）数据接收模块程序设计。

```
/******************************************************
* 程序名:IIC_RECIEVE
* 功能:从 EEPROM 接收数据并存入缓冲区,直至接收到 00H 之后退出程序
* 入口参数:IF1H,IIC0
* 出口参数:IF1H,IICC0,HL
******************************************************/
```

程序流程图如下所示:

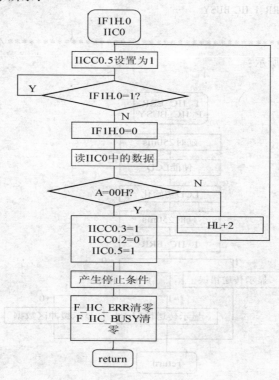

程序清单如下:

```
IIC_RECEIVE:
        SET1   IICC0. 5                    ;WREL0 =1;CANCEL WAIT;START RECEPTION
```

```
IIC_RECEIVE00:
        BF      IF1H.0,$IIC_RECEIVE00        ;INTIIC0 = 1?
        CLR1    IF1H.0
        MOV     A,IIC0                      ;READ IIC0 DATA
        MOV     [HL],A                      ;SAVE TO BUFFER
        CMP     A,#00H
        BZ      $IIC_TRANSFER_END           ;YES,TRANSFER END
        INCW    HL
        BR      ! IIC_RECEIVE
IIC_RECEIVE_END:
        SET1    IICC0.3                     ;WTIM0 = 1
        CLR1    IICC0.2                     ;ACKE0 = 0
        SET1    IICC0.5                     ;WREL0 = 1:CANCEL WAIT;START RECEPTION
        CALL    ! STOP_CONDITION
        CLR1    F_IIC_ERR
        CLR1    F_IIC_BUSY                  ;REVEIVE CORRECTLY
        RET
```

（8）LCD 显示模块程序设计。

```
/************************************************************
* 程序名:LCD
* 功能:在 LCD 上显示读取的字符数据
* 入口参数:F_IIC_ERR,F_IIC_BUSY
* 出口参数:无
************************************************************/
```

程序流程图如下所示：

```
            ┌─────────────────┐
            │   F_IIC_ERR     │
            │   F_IIC_BUSY    │
            └────────┬────────┘
            ┌────────┴────────┐
            │    延时250ms    │
            └────────┬────────┘
            ┌────────┴────────┐
            │     使能LCD     │
            └────────┬────────┘
            ┌────────┴────────┐
            │    LCD初始化    │
            └────────┬────────┘
            ┌────────┴────────┐
            │    延时250ms    │
            └────────┬────────┘
            ┌────────┴────────┐
            │    F_IIC_ERR    │
            └────────┬────────┘
       =1  ┌─────────┴─────────┐  =0
  ┌─────────────┐      ┌───────────────┐
  │ 显示传送错误 │      │  F_IIC_BUSY   │
  └──────┬──────┘      └───────┬───────┘
         │          =1 ┌───────┴───────┐ =0
         │      ┌───────────────┐ ┌───────────────┐
         │      │ 显示传送忙碌 │ │ 显示缓冲区数据 │
         │      └───────┬───────┘ └───────┬───────┘
         └──────────────┴─────────────────┘
                        │
                 ┌──────┴──────┐
                 │   return    │
                 └─────────────┘
```

程序（主要部分）清单如下：

LCD:

```
        MOV    T500ms_counter,#250
        CALL  ！DELAY_500ms                ;DELAY 500MS
        CALL  ！SEL_LCD
        CALL  ！LCD_INIT
        MOV    T500ms_counter,#250
        CALL  ！DELAY_500ms                ;DELAY 500MS
LCD_END:
        RET
```

2. 使用软件仿真验证实验结果

在 PM + 中对各文件进行编译（compile），并建立（build）项目文件，在 SM + 中进行仿真（该部分的详细操作见 KEY & LED 实验，此处不再赘述）。

用 SM + 进行仿真。

SM + 的 I/O Panel 中没有 EEPROM 和 LCD 控件，在这里，我们主要通过 P60/SCL0 和 P61/SDA0 来观察 IIC 的时钟输出和数据输出。

（1）设置 Timing Chart。对 Timing Chart 设置的具体步骤参见点阵式 LCD 的控制实验。设置后的画面如图 5 – 81 所示。

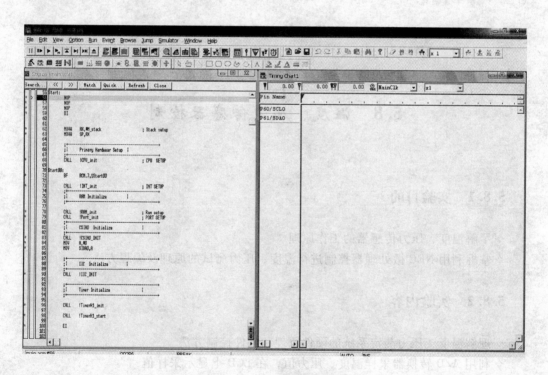

图 5 – 81　设置时序仿真工具

（2）程序仿真。在这个实验中，由于没有 EEPROM 以及 LCD 这两个外设，MCU 接收不到来自 EEPROM 的 ACK 应答信号，所以全速执行程序时，我们只能看到发送一次数据的时序图。程序全速执行的仿真截图如图 5 – 82 所示。

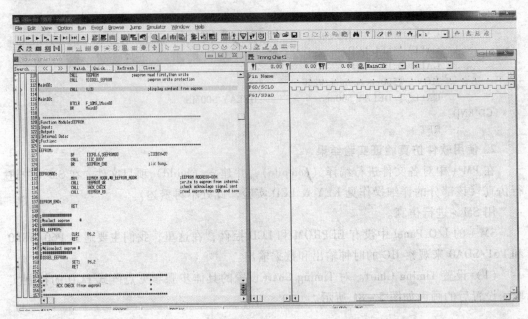

图 5－82　仿真结果

5.8　温度、压力传感器控制

5.8.1　实验目的

◇ 了解温度、压力传感器的工作原理
◇ 掌握利用 NEC 微处理器控制进行温度、压力测试的原理及编程方法

5.8.2　实验内容

◇ 理解温度、压力测定系统的硬件原理和软件控制方法
◇ 利用 A/D 转换器采样温度、压力值，在 LCD 上显示采样值

5.8.3　预备知识

◇ 掌握在 SP78K0 集成开发环境中编写和调试程序的基本过程
◇ 了解 NEC 应用程序的框架结构
◇ 了解数据采集系统的工作原理

5.8.4 实验原理

1. 硬件接口

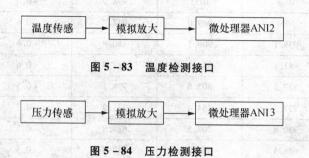

图5－83 温度检测接口

图5－84 压力检测接口

表5－19是温度传感器的特性值（温度电阻对应值）：

表5－19 温度传感器特性值

104AT－2	
TEMPERATURE　　　　　　VS　　　　RESISTANCE　　　CHARACTERTSTTCS　　[ITS－90]	
Type Number	104AT
Resistance	100. 0kΩ at 25℃
Resistance tolerance	±1%
B Value	4665k at 25/85℃
B Value Tolerance	±1%

[DATA FOR REFERENCE] －1

Temp. （℃）	Rmax. （kΩ）	Rst. （kΩ）	Rmin. （kΩ）	Tolerance （℃）	
－30	2743	2629	2619	－0. 7	＋0. 7
－29	2666	2461	2350	－0. 7	＋0. 7
－28	2383	2287	2194	－0. 6	＋0. 7
－27	2223	2136	2050	－0. 6	＋0. 6
－26	2076	1994	1916	－0. 6	＋0. 6
－25	1938	1864	1792	－0. 6	＋0. 6
－24	1811	1743	1677	－0. 6	＋0. 6
－23	1694	1631	1670	－0. 6	＋0. 6
－22	1584	1526	1471	－0. 6	＋0. 6
－21	1483	1430	1378	－0. 6	＋0. 6
－20	1389	1340	1292	－0. 6	＋0. 6
－19	1299	1254	1211	－0. 6	＋0. 6

续表

Temp. （℃）	Rmax. （kΩ）	Rst. （kΩ）	Rmin. （kΩ）	Tolerance （℃）	
− 18	1216	1175	1135	− 0. 6	+ 0. 6
− 17	1139	1101	1064	− 0. 6	+ 0. 6
− 16	1068	1033	998. 9	− 0. 6	+ 0. 6
− 16	1001	969. 0	937. 7	− 0. 6	+ 0. 6
− 14	939. 1	909. 5	880. 8	− 0. 6	+ 0. 6
− 13	881. 4	854. 2	827. 7	− 0. 6	+ 0. 6
− 12	827. 6	802. 6	778. 1	− 0. 5	+ 0. 5
− 11	777. 5	754. 4	731. 9	− 0. 5	+ 0. 5
− 10	730. 8	709. 5	688. 8	− 0. 5	+ 0. 5
− 9	686. 5	667. 0	647. 9	− 0. 5	+ 0. 5
− 8	646. 3	627. 3	609. 7	− 0. 5	+ 0. 5
− 7	606. 8	590. 2	574. 0	− 0. 5	+ 0. 5
− 6	570. 9	555. 6	540. 7	− 0. 5	+ 0. 5
− 5	537. 3	523. 3	509. 5	− 0. 5	+ 0. 5
− 4	506. 0	493. 0	480. 4	− 0. 5	+ 0. 5
− 3	476. 7	464. 7	453. 1	− 0. 5	+ 0. 5
− 2	449. 2	438. 3	427. 5	− 0. 5	+ 0. 5
− 1	423. 6	413. 5	403. 6	− 0. 5	+ 0. 5
0	399. 6	390. 3	381. 1	− 0. 5	+ 0. 5
1	376. 6	368. 1	359. 7	− 0. 4	+ 0. 4
2	355. 2	347. 3	339. 6	− 0. 4	+ 0. 4
3	335. 1	327. 9	320. 8	− 0. 4	+ 0. 4
4	316. 3	309. 6	303. 1	− 0. 4	+ 0. 4
5	298. 7	292. 5	266. 5	− 0. 4	+ 0. 4
6	282. 1	276. 5	271. 0	− 0. 4	+ 0. 4
7	266. 6	261. 4	256. 3	− 0. 4	+ 0. 4
8	252. 0	247. 3	242. 6	− 0. 4	+ 0. 4
9	238. 4	234. 0	229. 7	− 0. 4	+ 0. 4
10	225. 5	221. 5	217. 6	− 0. 4	+ 0. 4
11	213. 3	209. 6	206. 0	− 0. 4	+ 0. 4
12	201. 7	198. 4	195. 1	− 0. 4	+ 0. 4
13	190. 9	187. 8	184. 8	− 0. 3	+ 0. 4
14	180. 7	177. 9	175. 1	− 0. 3	+ 0. 3
15	171. 2	168. 6	166. 0	− 0. 3	+ 0. 3
16	162. 2	159. 8	157. 5	− 0. 3	+ 0. 3

Temp. （℃）	Rmax. （kΩ）	Rst. （kΩ）	Rmin. （kΩ）	Tolerance （℃）	
17	153.7	151.6	149.4	− 0.3	+ 0.3
18	145.7	143.8	141.8	− 0.3	+ 0.3
19	138.2	136.4	134.7	− 0.3	+ 0.3
20	131.2	129.5	127.9	− 0.3	+ 0.3
21	124.4	122.9	121.4	− 0.3	+ 0.3
22	118.0	116.7	115.3	− 0.3	+ 0.3
23	112.0	110.8	109.6	− 0.3	+ 0.3
24	106.3	105.2	104.1	− 0.3	+ 0.3
25	101.0	100.0	99.00	− 0.2	+ 0.2
26	96.04	95.04	94.04	− 0.3	+ 0.3
27	91.36	90.36	89.37	− 0.3	+ 0.3
28	86.93	85.94	84.95	− 0.3	+ 0.3
29	82.74	81.76	80.78	− 0.3	+ 0.3
30	78.79	77.81	76.84	− 0.3	+ 0.3
31	75.02	74.05	73.09	− 0.3	+ 0.3
32	71.45	70.50	69.55	− 0.3	+ 0.3
33	68.08	67.13	66.20	− 0.3	+ 0.3
34	64.88	63.95	63.03	− 0.3	+ 0.4
35	61.86	60.94	60.03	− 0.4	+ 0.4
36	58.99	58.09	57.20	− 0.4	+ 0.4
37	56.27	55.39	54.51	− 0.4	+ 0.4
38	53.70	52.83	51.97	− 0.4	+ 0.4
39	61.26	50.40	49.56	− 0.4	+ 0.4
40	48.94	48.10	47.27	− 0.4	+ 0.4
41	46.71	45.89	45.08	− 0.4	+ 0.4
42	44.60	43.79	43.00	− 0.4	+ 0.4
43	42.59	41.81	41.03	− 0.5	+ 0.5
44	40.69	39.92	39.16	− 0.5	+ 0.5
45	38.88	38.13	37.39	− 0.5	+ 0.5
46	37.17	36.43	35.70	− 0.5	+ 0.5
47	35.54	34.82	34.11	− 0.5	+ 0.5
48	33.99	33.28	32.59	− 0.5	+ 0.5
49	32.51	31.83	31.15	− 0.5	+ 0.5
50	31.11	30.44	29.78	− 0.5	+ 0.5
51	29.77	29.11	28.47	− 0.6	+ 0.6

续表

Temp. （℃）	Rmax. （kΩ）	Rst. （kΩ）	Rmin. （kΩ）	Tolerance （℃）	
52	28.49	27.85	27.22	− 0.6	+ 0.6
53	27.27	26.65	26.04	− 0.6	+ 0.6
54	26.12	25.61	24.91	− 0.6	+ 0.6
55	25.01	24.42	23.84	− 0.6	+ 0.6
56	23.97	23.39	22.82	− 0.6	+ 0.6
57	22.97	22.40	21.65	− 0.6	+ 0.6
58	22.01	21.46	20.92	− 0.6	+ 0.6
59	21.11	20.57	20.05	− 0.7	+ 0.7
60	20.24	19.72	19.21	− 0.7	+ 0.7

［DATA FOR REFERENCE］ −3

Temp. （℃）	Rmax. （kΩ）	Rst. （kΩ）	Rmin. （kΩ）	Tolerance （℃）	
61	19.41	18.90	18.40	− 0.7	+ 0.7
62	18.62	18.12	17.63	− 0.7	+ 0.7
63	17.86	17.38	16.90	− 0.7	+ 0.7
64	17.14	16.67	16.21	− 0.7	+ 0.7
65	16.45	16.90	15.54	− 0.7	+ 0.7
66	15.79	15.34	14.91	− 0.7	+ 0.8
67	16.16	14.73	14.31	− 0.8	+ 0.8
68	14.57	14.14	13.73	− 0.8	+ 0.8
69	13.99	13.58	13.18	− 0.8	+ 0.8
70	13.46	13.05	12.65	− 0.8	+ 0.8
71	12.92	12.53	12.15	− 0.8	+ 0.8
72	12.41	12.03	11.66	− 0.8	+ 0.8
73	11.93	11.66	11.20	− 0.8	+ 0.8
74	11.47	11.11	10.76	− 0.9	+ 0.9
75	11.03	10.68	10.34	− 0.9	+ 0.9
76	10.61	10.27	9.939	− 0.9	+ 0.9
77	10.21	9.877	9.554	− 0.9	+ 0.9
78	9.824	9.500	9.186	− 0.9	+ 0.9
79	9.455	9.140	8.835	− 0.9	+ 0.9
80	9.103	8.796	8.499	− 0.9	+ 0.9
81	8.762	8.464	8.175	− 1.0	+ 1.0
82	8.436	8.146	7.865	− 1.0	+ 1.0
83	8.124	7.842	7.568	− 1.0	+ 1.0

续表

Temp. (℃)	Rmax. (kΩ)	Rst. (kΩ)	Rmin. (kΩ)	Tolerance (℃)	
84	7.825	7.550	7.284	−1.0	+1.0
85	7.639	7.271	7.012	−1.0	+1.0
86	7.264	7.004	6.752	−1.0	+1.0
87	7.001	6.748	6.502	−1.0	+1.0
88	6.749	6.602	6.263	−1.1	+1.1
89	6.507	6.267	6.034	−1.1	+1.1
90	6.276	6.041	5.815	−1.1	+1.1

2. 资源占用

表 5 – 20   占用 MCU 资源列表

资源	I/O	功能
ANI2	I	温度测定通道的输入端口，用于采样温度值
ANI3	I	压力测定通道的输入端口，用于采样温度值
定时器 H1	–	间隔定时，用于各种定时控制

3. 所用资源初始化

（1） A/D 初始化。

①A/D 操作要用到的端口：

➤ P22/ANI2 作为 A/D 转换器输入端口，用于采样温度值

➤ P23/ANI3 作为 A/D 转换器输入端口，用于采样压力值

②相关寄存器设置：

◇ A/D 转换模式寄存器

ADM	7	6	5	4	3	2	1	0
	ADCS	0	FR2	FR1	FR0	LV1	LV0	ADCE
	0	0	0	0	0	0	0	0

A/D 转换操作控制

A/D 转换时间的选择 = 264/fprs = 33μs，转换时钟（fAD） = fprs/12 ≈ 666kHz

比较器操作控制

图 5 – 85   A/D 转换器模式寄存器的设置

◇ A/D 端口配置寄存器

ADPC	7	6	5	4	3	2	1	0
	0	0	0	0	ADPC3	ADPC2	ADPC1	ADPC0
	0	0	0	0	0	0	1	0

模拟输入（A）/数字 I/O（D）的切换 P27 ~ P20：AAAAAADD

图 5 – 86   A/D 端口配置寄存器的设置

◇模拟输入通道选择寄存器

ADS	7	6	5	4	3	2	1	0
	0	0	0	0	0	ADS2	ADS1	ADS0
	0	0	0	0	0	0	1	0

模拟输入通道的选择：ANI2

图 5 – 87　模拟输入通道选择寄存器的设置

初始化中，需要对 A/D 转换器进行如下操作：

＜1＞ 由上所述，对 A/D 转换器的各寄存器进行设置；

＜2＞ 设置中断请求标志寄存器 IF1L 的第 0 位 ADIF 为 0；

＜3＞ 把 A/D 转换器模式寄存器的第 0 位（ADCE）置 1，启动比较器的操作；

然后由硬件自动完成以下步骤；

＜4＞ 由采样 & 保持电路对输入到已选中的模拟输入通道的电压进行采样；

＜5＞ 在经过一定时间的采样后，采样 & 保持电路处于保持状态，且在 A/D 转换操作结束前一直保持采样电压；

＜6＞ 设置逐次逼近寄存器（SAR）的第 9 位，通过分接选择器将串联电阻串的分接电压置为（1/2）AVREF；

＜7＞ 由电压比较器比较串联电阻串的分接电压与采样电压，如果模拟输入电压高于（1/2）AVREF，则 SAR 的 MSB = 1；如果模拟输入电压低于（1/2）AVREF，则 SAR 的 MSB = 0；

＜8＞ 接下来，SAR 的第 8 位自动置 1，并进入下一个比较过程。根据第 9 位的预置值选择串联电阻串的分接电压，具体描述如下：

第 9 位 = 1：（3/4）AVREF

第 9 位 = 0：（1/4）AVREF

比较分接电压与采样电压，并设置 SAR 的第 8 位，如下所示：

模拟输入电压≥分接电压：第 8 位 = 1

模拟输入电压＜分接电压：第 8 位 = 0

＜9＞ 按此方式继续进行比较，直至 SAR 的第 0 位；

＜10＞ 全部 10 位比较完成后，在 SAR 中保留一个有效的数值结果，然后将结果传送至 A/D 转换结果寄存器（ADCR，ADCRH）中，并锁存；同时也会产生 A/D 转换结束中断请求（INTAD）；

＜11＞ 反复执行步骤 ＜4＞ ～ ＜10＞，直至 ADCS 被清零（0）。

将 ADCS 清零，以停止 A/D 转换器操作。

当 ADCE = 1 时，若要重新启动 A/D 转换操作，应从步骤 ＜8＞ 开始。当 ADCE = 0 时，若要再次启动 A/D 转换操作，设置 ADCE = 1，等待至少 1μs，然后从步骤 ＜8＞ 开始操作。如要改变 A/D 转换的通道，则从步骤 ＜7＞ 开始。

注意：必须确保 ＜4＞ ～ ＜8＞ 的操作时间至少为 1μs。

（2）串行口 CSIA0 以及 Timer H1 的初始化见直流电机控制实验。

5.8.5 实验方法

1. 程序设计

功能描述：

①采样温度、压力的实时值并在 LCD 上显示采样值；

②用户可以自行开发在 LCD 上显示温度、压力的变化曲线。

程序设计中所调用的主要函数如表 5 – 21 所示。

表 5 – 21 温度、压力传感器控制程序组件说明

函数名	功能
StartAD	AD 相关寄存器初始化，启动 AD
Read_AD	读取 AD 值，将 8 次的转换值累计，用于消除噪声
AD_Process	噪声处理，求 8 次转换的平均值，作为一次有效的采样值
Channel	A/D 转换通道切换
LCD_LINE	LCD 行控制，设置当前要显示的行
LCD	在第 1、第 2 行分别显示温度、压力的当前测定值

主程序流程图：

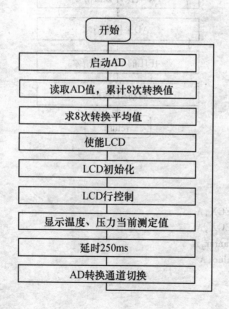

程序清单如下：

Main:

        CALL ！StartAD

```
        CALL   ! Read_AD                ;READ AD 8 TIMES AND STOP AD
        CALL   ! AD_Process
        CALL   ! SEL_LCD                ;chip select enable
        CALL   ! LCD_INIT
        CALL   ! LCD_LINE
        CALL   ! LCD                    ;DISPLAY AD VALUE(HEX VALUE)
        MOV    T500ms_counter,#250
        CALL   ! DELAY_500ms            ;DELAY 500MS
        CALL   ! Channel
        BR     ! Main
```

（1）启动 AD 模块程序设计。

```
/*****************************************************
* 程序名:START_AD
* 功能:AD 相关寄存器初始化,启动 AD
* 入口参数:无
* 出口参数:无
*****************************************************/
```

程序流程图如下所示:

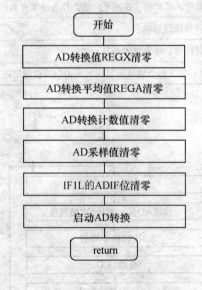

程序清单如下:
```
StartAD:
        MOV    A,#0
        MOV    AD_REGX,A
        MOV    AD_REGA,A
        MOV    AD_counter,A
        MOV    AD_Value,A
        CLR1   ADIF
        SET1   ADCS
StartAD_END:
        RET
```

（2）消除噪声模块程序设计。

```
/*****************************************************
```

```
* 程序名:READ_AD
* 功能:读取 AD 值,将 8 次的转换值累计,用于消除噪声
* 入口参数:ADS,ADCRH
* 出口参数:ADS,ADCRH
****************************************************/
```

程序流程图如下所示:

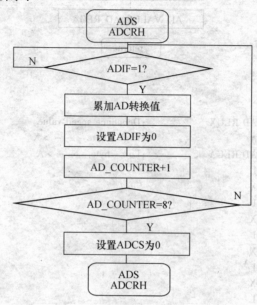

程序清单如下:

Read_AD:

```
        BF    ADIF, $Read_AD          ;AD stop status or AD is not prepared
        MOV A,ADCRH
        ADD   A,AD_REGX               ;AD data accumulate
        MOV AD_REGX,A
        ADDC AD_REGA,#0
AD_END:
        CLR1  ADIF
        INC   AD_counter
        CMP   AD_counter,#8            ;Converted 8 times?
        BNZ   $Read_AD
        CLR1  ADCS
AD_END10:
        RET
```

（3）噪声处理模块程序设计。

```
/***********************************************************
* 程序名:AD_PROCESS
* 功能:噪声处理,求 8 次转换的平均值,作为一次有效的采样值
* 入口参数:AD_REGA,AD_REGX
* 出口参数:AD_VALUE
****************************************************/
```

程序流程图如下所示:

程序清单如下：

```
AD_Process:
        MOV    A, AD_REGX          ; Debounce speed value
        MOV    X, A                ; High – byte – – – > X
        MOV    A, AD_REGA          ; Low – byte – – – > A
        ROR    A, 1
        XCH    A, X
        RORC   A, 1
        XCH    A, X
        ROR    A, 1
        XCH    A, X
        RORC   A, 1
        XCH    A, X
        ROR    A, 1
        XCH    A, X
        RORC   A, 1
        MOV    AD_Value, A
AD_ProcessEND:
        RET
```

（4）通转换模块程序设计。

```
/*****************************************************
*  程序名: CHENNEL
*  功能: AD 转换通道切换
*  入口参数: ADS
*  出口参数: ADS
*****************************************************/
```

程序流程图如下所示：

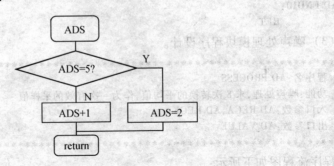

程序清单如下：

Channel：

```
        MOV    A,ADS
        CMP    A,#5
        BNZ    $Channel00
        MOV    ADS,#2
        BR     ！Channel_END
Channel00：
        INC    A                    ;NEXT CHANNEL
        MOV    ADS,A
Channel_END
        RET
```

（5）LCD 行控制模块程序设计。

```
/***********************************************************
* 程序名:LCD_LINE
* 功能:LCD 行控制,设置当前要显示的行
* 入口参数:ADS
* 出口参数:COMMAND
***********************************************************/
```

程序流程图如下所示：

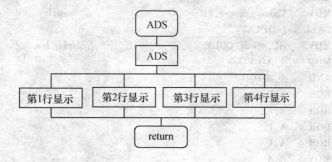

程序（主要部分）清单如下：

LCD_LINE：

```
        MOV    A,ADS
        CMP    A,#2
        BZ     $LCD_LINE1
        CMP    A,#3
        BZ     $LCD_LINE2
        CMP    A,#4
        BZ     $LCD_LINE3
        CMP    A,#5
        BZ     $LCD_LINE4
LCD_LINE_END：
        RET
```

（6）显示模块程序设计。

```
/***********************************************************
* 程序名:LCD
* 功能:在第 1、2 行分别显示温度、压力的当前测定值
```

* 入口参数：COMMAND
* 出口参数：无
*** /

程序流程图如下所示：

COMMAND → 发送控制码 → 延时1ms → 显示AD转换值的高位 → 延时1ms → 显示AD转换值的低位 → return

程序清单如下：

```
LCD:
        CALL    ! SEND_COMMAND              ;send command
        MOV     T20ms_counter,#1           ;delay
        CALL    ! DELAY
        MOVW    HL,#DISP_CODE              ;display low
        MOV     A,AD_Value
        AND     A,#0F0H
        ROR     A,1
        ROR     A,1
        ROR     A,1
        ROR     A,1
        MOV     B,A
        CALL    ! SEND_DATA                ;send data
        MOV     T20ms_counter,#1
        CALL    ! DELAY
        MOV     A,AD_Value
        AND     A,#0FH
        MOV     B,A
        CALL    ! SEND_DATA                ;send data
        RET
DISP_CODE:
        DB      30H,31H,32H,33H,34H,35H,36H,37H,38H,39H    ;0 - 9
        DB      41H,42H,43H,44H,45H,46H                    ;A - F
```

2. 使用软件仿真验证实验结果

在 PM + 中对各文件进行编译（compile），并建立（build）项目文件，在 SM + 中进行仿真（该部分的详细操作见 KEY & LED 实验，此处不再赘述）。

用 SM + 进行仿真。

SM + 的 I/O Panel 中没有传感器，在这里，我们用 Level Gauge 来代替传感器，输入一个模拟电压值，并通过观察 P144/SOA0 的输出波形来验证实验结果。

（1）设置 I/O Panel。

①点击 Level Gauge 控件，即图 5 – 88 中红色椭圆框中的按钮，在 I/O Panel 的合适位置进行拖放。如图 5 – 88 所示。

②对 Level Gauge 的属性进行设置。双击 Level Gauge 控件，在出现的 Level Gauge 属性对话框中，进行如图 5 – 89 所示的设置。

（2）设置 Timing Chart。对 Timing Chart 设置的具体步骤参见点阵式 LCD 的控制实验。设置后的画面如图 5 – 90 所示。

（3）程序仿真。全速执行程序，并旋动 Level Gauge 控件，可以看到 P22/ANI2 端口的输出变为高电平，如图 5 – 91 所示。

拖动 Timing Chart 窗口下方的滚动条，可以看到通过串行口 CSIA0 向 LCD 发送的控制码以及数据，如图 5 – 92 所示。

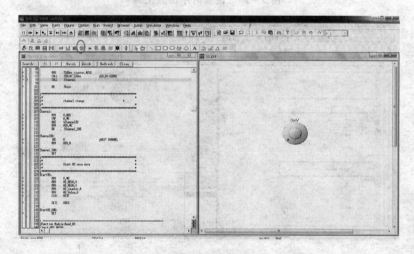

图 5 – 88　Level Gauge

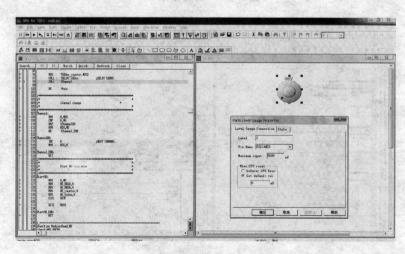

图 5 – 89　设置 Level Gauge

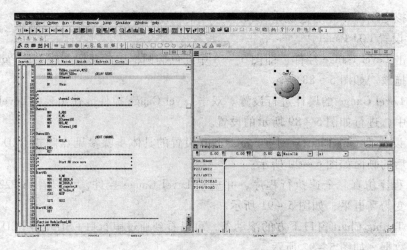

图 5 - 90　设置时序仿真工具

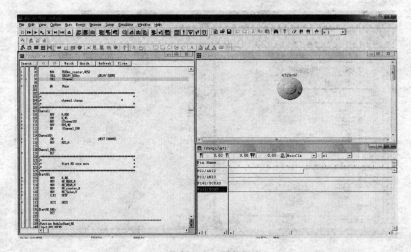

图 5 - 91　仿真结果一

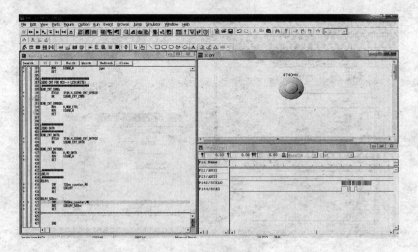

图 5 - 92　仿真结果二

5.9　综合实验

5.9.1　实验目的

根据前面所掌握的键盘、LED、PWM 的知识，综合设计一个小型的控制系统，由单个键盘按钮控制的点击控制电机的开关，并在 LED 上显示 "RUN" 表示开，显示 "STOP" 表示关。用另外一个开关控制电机方向，LED 灯亮表示电机反转，LED 灯不亮，表示电机正转。

5.9.2　实验内容

◇实现键盘输入

◇用 LED 显示 "RUN" 和 "STOP"

◇控制电机开关，控制电机方向

5.9.3　实验环境

PM plus，SM + for 78K0_kx2，WINDOWS XP

5.9.4　实验原理

1. 原理图

（1）8 位定时器 H0 的框图如图 5 - 93 所示。

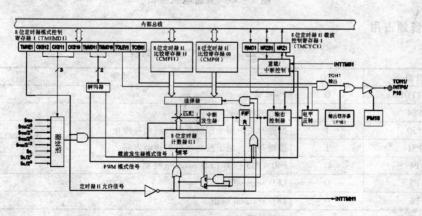

图 5 - 93　8 位定时器 H0 框图

（2）PWM 时序图如图 5 - 94 所示。

（3）PWM 输出模式中的操作过程。

在定时器开始计数后，当 8 位定时器计数器 H0 与 CMP00 寄存器的值匹配时，TOH0 的输出取反电平且清零 8 位定时器计数器 H0。当 8 位定时器计数器 H0 与 CMP10 寄存器的值匹配时，取反 TOH0 的输出电平。

Fprs 等于系统主时钟，主时钟等于内部高速震荡，等于 8MHz。定时器 H0 的时钟脉冲频率 $f = 8 \times 10^6 / (2^2)$ （Hz）；PWM 的周期由 CMP00 寄存器决定。TMHMD0 = 19D，PWM 的周期 = 20/f，占空比由 CMP10 决定，CMP10 值为 9D。占空比 = （9 + 1）/ （19 + 1）= 50%。

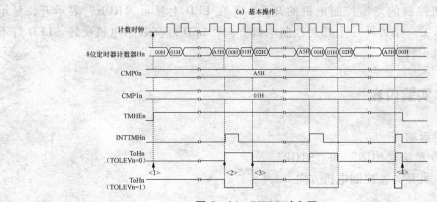

图 5 - 94 PWM 时序图

2. 硬件接口

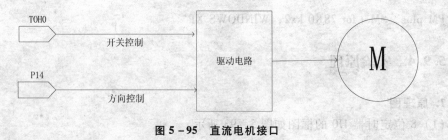

图 5 - 95 直流电机接口

3. 资源占用

表 5 - 22 占用 MCU 资源列表

资源	I/O	功能
P15/TOH0	O	PWM 输出
P14	O	电机的桥控制
P30	I	按键开关，用于控制电机的启动与停止
P31	I	按键开关，用于控制电机的转动方向
P4	O	P40 ~ P43 作为 LED common 控制
P5	O	LED segment 输出
P6	O	LED segment 输出
定时器 H1	-	定时处理

4. 所用资源初始化

（1）所用定时器：

➢ Timer H0 用于输出 PWM，控制电机转速

➢ Timer H1 用于定时处理

（2）定时器操作要用到的端口：

➢ P15 用作 PWM 输出端口

（3）相关寄存器设置：

◇ 定时器模式寄存器

TMHMD0	7	6	5	4	3	2	1	0
	TMHE0	CKS02	CKS01	CKS00	TMMD01	TMMD00	TOLEV0	TOEN0
	0	0	1	1	1	0	0	1

是否允许定时器操作　　计数时钟选择 = fprs/2^6 = 125kHz　　定时器操作模式
　　　　　　　　　　　　　　　　　　　　　　　　　　　　定时器输出电平控制
　　　　　　　　　　　　　　　　　　　　　　　　　　　　定时器输出控制

TMHMD1	7	6	5	4	3	2	1	0
	TMHE1	CKS12	CKS11	CKS10	TMMD11	TMMD10	TOLEV1	TOEN1
	0	0	1	1	0	0	0	0

是否允许定时器操作　　计数时钟选择 = fprs/2^6 = 125kHz　　定时器操作模式
　　　　　　　　　　　　　　　　　　　　　　　　　　　　定时器输出电平控制
　　　　　　　　　　　　　　　　　　　　　　　　　　　　定时器输出控制

图 5 - 96　定时器模式寄存器的设置

◇ 定时器比较寄存器

CMP00	7	6	5	4	3	2	1	0
	1	1	1	1	1	0	0	0

$$f_{pwm} = f_{cnt}/(N+1) = 125kHz/(124+1) = 1kHz$$

CMP01	7	6	5	4	3	2	1	0
	1	1	1	1	1	0	0	0

$$f_{pwm} = f_{cnt}/(N+1) = 125kHz/(124+1) = 1kHz$$

CMP10	7	6	5	4	3	2	1	0
	1	1	1	1	0	0	0	0

$$PWM 输出脉冲占空比 = (M+1)/(N+1) = 61/125 \approx 50\%$$

图 5 - 97　定时器比较寄存器的设置

◇ 定时器载波控制寄存器

TMCYC1	7	6	5	4	3	2	1	0
	0	0	0	0	0	RMC1	NRZB1	NRZ1
	0	0	0	0	0	0	0	0

遥控输出

载波脉冲输出状态标志

图 5 - 98　定时器载波控制寄存器的设置

启动 PWM 输出模式的操作：

①将 P15 以及 PM15 清零。

②设置 TMHE0 = 1。

③CMP00 是在允许计数操作后首次被比较的比较寄存器。当 8 位定时器计数器 H0 与 CMP00 寄存器的值匹配时，将 8 位定时器计数器 H0 清零、产生中断请求信号（INTTMH0），输出有效电平。同时与 8 位定时器 H0 比较的寄存器由 CMP00 切换为 CMP10。

④当 8 位定时器计数器 H0 与 CMP10 寄存器匹配时，输出无效电平，同时与 8 位定时器 H0 比较的寄存器由 CMP10 切换为 CMP00。此时不对 8 位定时器计数器 H0 清零，也不产生 INTTMH0 信号。

⑤重复执行过程 < 3 > 和 < 4 >，可以获取具有任意占空比的脉冲。

若要停止计数操作，则设置 TMHE0 = 0。

5.9.5　实验方法

1. 程序设计

程序设计中所调用的主要函数如表 5 - 23 所示。

表 5 - 23　综合实验程序组件说明

函数名	功能
Sw_Check	电机状态检测：用于检测电机开关按键状态，在 LED 上显示 "RUN" 或 "STOP"，并启动电机（默认为正转）
Dir_Check	电机转向检测：用于检测电机转向按键状态，改变电机转动方向

主程序流程图：

程序清单如下：

Main00：

```
        CALL ！Soft_Delay
                CALL ！Sw_Check
        CALL ！Dir_Check
        BR  $Main00
```

（1）电机状态检测模块程序设计。

```
/************************************************
* 程序名：Sw_Check
* 功能：电机状态检测
* 入口参数：P3.0
* 出口参数：无
************************************************/
```

程序流程图如下所示：

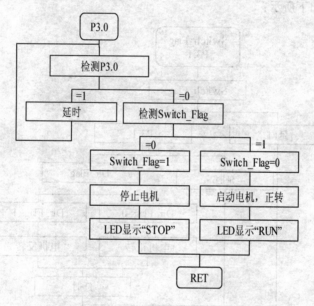

程序（主要部分）清单如下：

Sw_Check：

```
        BT P3.0, $S_Check_Ret
        MOV A,Switch_Flag
        BF A.0, $TAKE_OFF
        MOV Switch_Flag,#00H
        CALL ！Dir_Init
        CALL ！TimerH0_Start
        CALL ！DISP_RUN
        BR  $S_Check_Ret
TAKE_OFF：
        MOV Switch_Flag, #01H
        CALL ！Dir_Init
        CALL ！TimerH0_Stop
        CALL ！DISP_STOP
```

```
S_Check_Ret:
        CALL ! Soft_Delay
        RET
Dir_Init:
        MOV Dir_Flag, #00H
        CLR1 P1. 4
        RET
```

（2）电机转向检测模块程序设计。

```
/************************************************
* 程序名:Dir_Check
* 功能:电机转向检测
* 入口参数:P3. 1,Switch_Flag
* 出口参数:无
************************************************/
```

程序流程图如下所示:

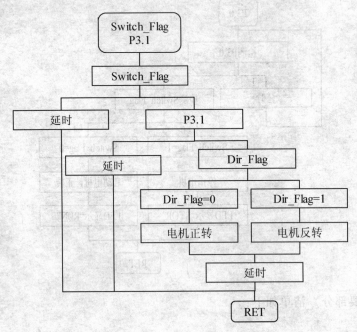

程序（主要部分）清单如下:

```
Dir_Check:
        MOV A,Switch_Flag
        BT A. 0, $Dir_Check_Ret
        BT P3. 1, $Dir_Check_Ret
        MOV A,Dir_Flag
        BF A. 0, $Dir_1
        MOV Dir_Flag,#00H
        CLR1 P1. 4
        BR $Dir_Check_Ret
Dir_1:
        MOV Dir_Flag,#01H
```

```
            SET1 P1. 4
Dir_Check_Ret：
            RET
```

2. 使用软件仿真验证实验结果

在 PM + 中对各文件进行编译（compile），并建立（build）项目文件，在 SM + 中进行仿真（该部分的详细操作见 KEY & LED 实验，此处不再赘述）。

用 SM + 进行仿真。

（1）设置 I/O panel。

①设置 LED。本实验中用到的是 14 段数码管，其点亮原理与 7 段数码管相同。点击图 5 - 99 红色框中的按钮，在 I/O panel 中合适的位置拖放 4 个 LED。如图 5 - 99 所示。

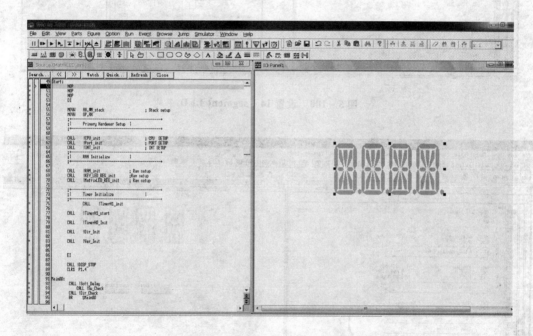

图 5 - 99　14 - segment LED

②LED 属性设置。双击 LED，在弹出的属性对话框中，对 LED 的属性进行设置：

com 设置：在 Parts segment LED 属性页中，将 P40 ~ P43 作为 LED 的位选信号；可分别对 4 个 LED 进行设置。

seg 设置：在 Parts segment LED 属性页中，将 P50 ~ P57 和 P60 ~ P67 作为 LED 的段选信号；可分别对 4 个 LED 进行设置。

图 5 - 100 所示为第一个 LED 的设置。

③设置按键。在本实验中要用到两个按键，用于控制电机的开关和转动方向。点击图 5 - 101 红色框中的按钮，在 I/O panel 中的合适位置拖放两个独立按键，如图 5 - 101 所示。

④ 按键属性设置。双击按键，在弹出的属性对话框中，对按键的属性进行设置。

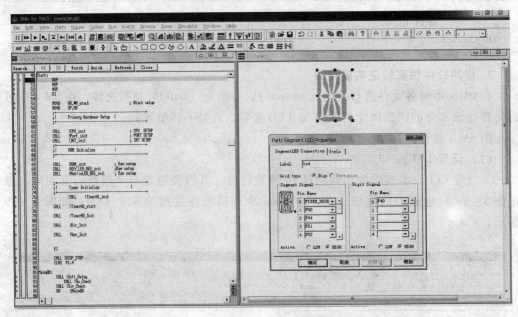

图 5 – 100   设置 14 – segment LED

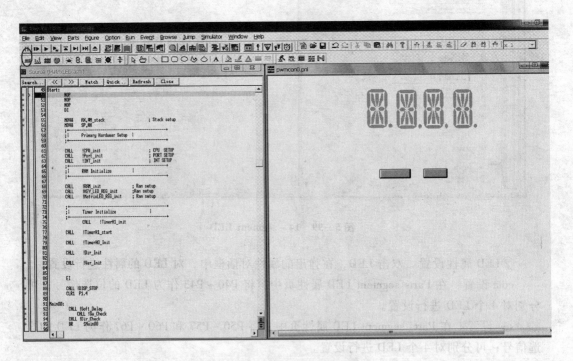

图 5 – 101   独立按键

电机开关键：选择 P30 管脚，用于控制电机的启动和停止。

方向键：选择 P31 管脚，用于控制电机的转动方向。

具体设置如图 5 – 102 所示。

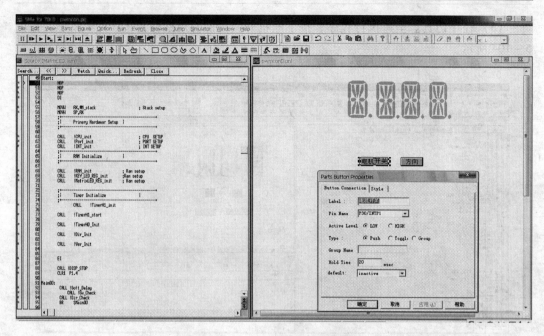

图 5 – 102　设置独立按键

（2）设置 Timing chart。对 Timing Chart 设置的具体步骤参见点阵式 LCD 的控制实验。设置后的画面如图 5 – 103 所示。

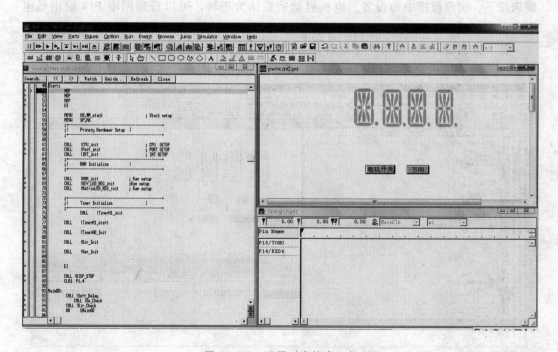

图 5 – 103　设置时序仿真工具

（3）程序仿真。全速执行程序，按下电机开关按键，观察输出的 PWM 波形，如图 5 – 104 所示。

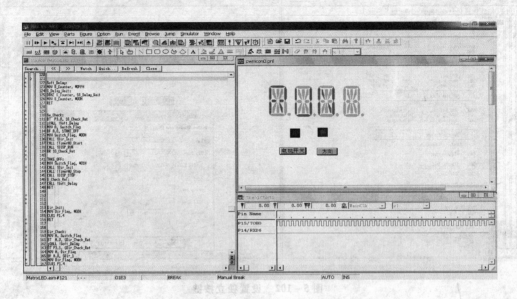

图 5 – 104　电机正转仿真结果

可以看到，由 P15/TOH0 输出占空比为 50% 的方波，用于控制电机的速度。方向键未按下，按照程序中的设置，电机启动后默认为正转，可以看到图中 P14 输出低电平，电机正转。

按下方向键，P14 输出电平反转，电机转动方向也反转，如图 5 – 105 所示。

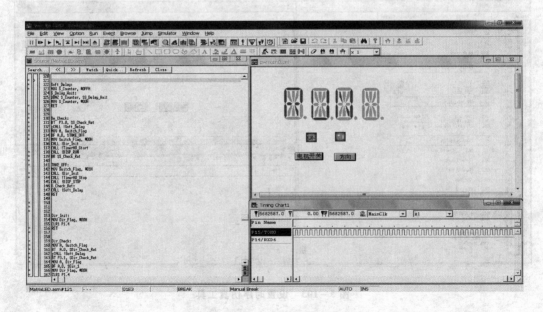

图 5 – 105　电机反转仿真结果

再次按下电机开关，P15/TOH0 停止输出方波，电机停止转动，如图 5 – 106 所示。

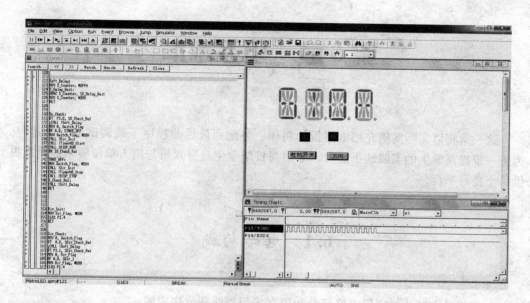

图 5 – 106　电机停转仿真结果

第6章　电子制作

这一章将以实际案例介绍电路板的制作、装配到最后的程序下载调试的完整过程。为进一步提高学生的实践动手能力、缩短高校毕业生自身素质与用人单位要求的差距提供一个良好平台。

6.1　电路构成

电路板是由单片机应用电路部分和闪存编程器两部分构成的。

1. 单片机应用电路部分

单片机应用电路部分主要是由电池、开关和 NEC 78K0/KB2（uPD78F0500）8 位闪存单片机构成。将程序写入单片机内置的闪存存储器，就可以进行各种控制了。

2. 闪存编程器部分

闪存编程器是将 PC 里的程序写入单片机的闪存存储器的装置。

3. 电路原理图

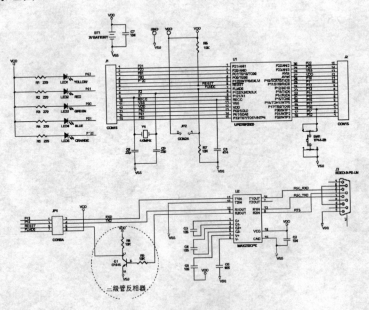

图 6-1　闪存编程器电路原理图

4. 线路板图

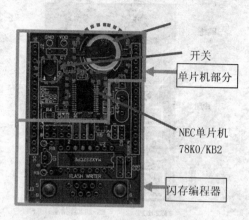

开关

单片机部分

NEC单片机
78K0/KB2

闪存编程器

图 6 - 2　闪存编程器线路板图

6.2　闪存编程器的制作

制作过程如下所示。

1. 购置零部件

要制作编程器，首先需要购买零部件，我们使用的都是市场上比较容易买到的零部件，如表 6 - 1 所示。

表 6 - 1　零件列表

零部件的名称	规格	数量
R8 - R9	10K Ohms	2
C2，C7	104	2
C3 - C6	105	4
C8，C9	22pF	2
晶振	4.0MHz	1
U2	MAX232CPE	1
232C 连接器	RDED - 9 - PE - LN	1
Tr	C1815	1
Test - Pin	15Pin	2
Test - Pin	2Pin	5
跳线帽		5
电源线		2

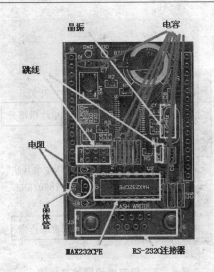

图 6 - 3　零部件位置图

2. 零部件的安装

（1）MAX232CPE 的安装。MAX232CPE 的安装是有方向的。MAX232CPE 的缺口要和丝印封装缺口（电路板上用白色印刷的部分）相吻合，16PIN 全部焊接。如果焊接方向错误，有可能破坏芯片，因此要十分注意安装的方向。

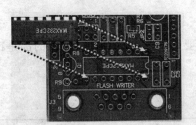

图 6 - 4　MAX232CPE 安装示意图

（2）晶体管（C1815）的安装。晶体管（C1815）的安装也有方向。管体上部的半圆形和电路板上丝印的半圆形方向一致地插入焊接。方向如果不对的话不仅不能正常工作还有可能破坏晶体管，所以要十分注意安装的方向。

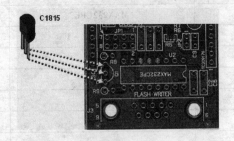

图 6 - 5　晶体管安装示意图

（3）电阻的安装。电阻的安装没有方向，在电路板上安装的时候如图6-6所示弯曲好管脚安装。所安装的2个电阻都是10kΩ。电阻的数值用彩色代码表示，电阻是10kΩ的时候用如图6-6所示的那样标示出来。

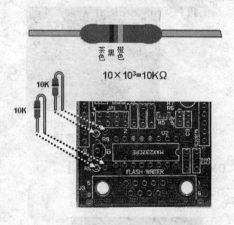

图6-6　电阻安装示意图

（4）电容的安装。因电容的安装没有极性所以朝哪个方向都没有关系。共有105、104、22pF三种，注意不要插错位置，然后焊接。

图6-7　电容安装示意图

（5）跳线的安装。跳线的安装没有方向。焊接以后，在跳线点上安装跳线帽就可以了。

注意：跳线帽是为了烧写程序所用，所以短接跳线以后胸牌上的FLASH就不工作了。

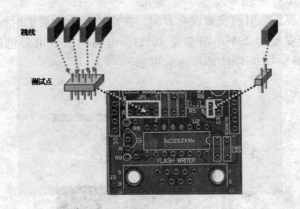

图 6 - 8　跳线安装示意图

（6）晶振的安装。4.0MHz 晶振的安装没有方向。

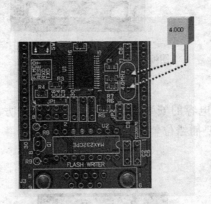

图 6 - 9　晶振安装示意图

（7）连接器的安装。把连接器插在电路板的孔上，然后焊牢就可以了。

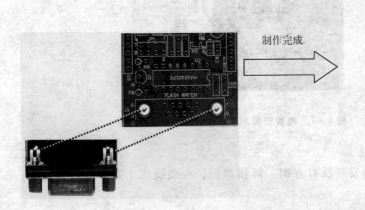

图 6 - 10　连接器安装示意图（制作完成）

6.3 编程器的应用

图 6 – 10 是安装了所有器件之后的电路板，可以作为在线编程器使用了！

在使用编程器之前，请做好如下步骤的检查操作：

1. 硬件检查

➤请确认焊接好的电路板不会发生短路现象

➤器件的参数正确

➤电池已经取下

➤跳线的使用：编程过程中短接，微处理器工作时断开跳线的连接

2. 获得相关文件

需要 4 个文件：编程器控制文件、写入到试验板的目标程序、uPD780500 的设备文件和 uPD780500 编程的参数文件。

➤ 获得编程控制文件（fpl3_v101.exe）

➤ 获得试验板目标程序（Badge）

➤ 获得 uPD780500 的设备文件（df780547_v210.exe）

➤ 获得 uPD780500 编程的参数文件（prm78f0547_v104.exe）

下载完成后，建立一个文件，如"78K0_Kx2_Badge_Writer"，将所有文件放到此文件中，便于操作。

3. 连接到 PC

通过 RS – 232 连接到编程器，如图 6 – 11 所示。（注意：这里采用直通式的 RS – 232 接口线，请不要使用交叉式的 RS232 接口线。）

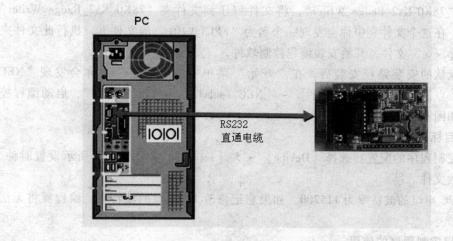

图 6 – 11　编程器和 PC 连接示意图

4. 加电

需要一个 +5V 的供电电源，如图所示，将编程器的 GND 和 VDD 分别连接到供电电源的地和 +5V 端（注意：如果供电电压超过 5V 可能损坏电路板）。

确定所有的跳线在编程操作时都已经被短接（注意：微处理器工作时要断开所有的跳线）。

打开供电电源，然后启动 FPL - 3。

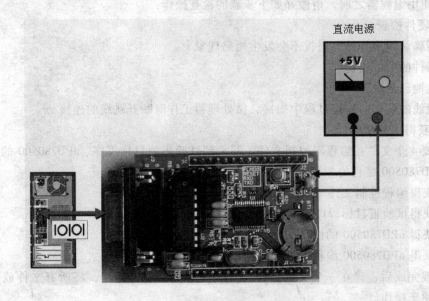

图 6 - 12   上电操作示意图

5. 启动编程控制程序

控制程序的安装：执行已下载的文件 "fpl3_v101. exe"，选择解压后的文件的存放路径，如 "78K0_Kx2_Badge_Writer"，将文件解压到文件夹 "78K0_Kx2_Badge_Writer" 中，之后，在这个文件夹中你会发现一个名为 "FPL3_V101" 的文件夹，执行此文件夹中的 "setup. exe" 文件，开始安装编程控制软件。

选择默认的安装路径安装后，在 "开始" 菜单中的 "程序" 中你会发现 "NEC Tools32"。点击［开始］－［程序］－［NEC Tools32］－ "PG - FPL3"，启动编程控制程序，如图 6 - 13 所示。

6. 写目标程序

编程控制程序的配置：选择［Device］ － ＞［set up］，如图 6 - 14 所示设置时钟、串口、参数文件。

设置 PC 串口的波特率为 115200。如果忘记修改 PC 串口的波特率，编程器将无法工作。

7. 编程控制程序的使用

可以使用如图 6 - 15 所示快捷键进行装载文件擦除、编程及测试等操作。

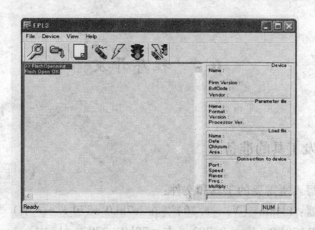

图 6 - 13　GP - FPL3 编程控制程序启动

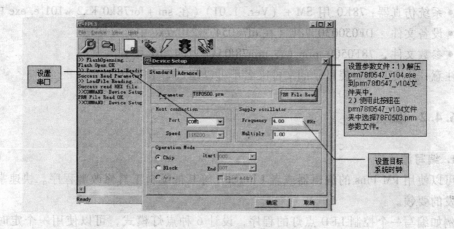

图 6 - 14　参数设置

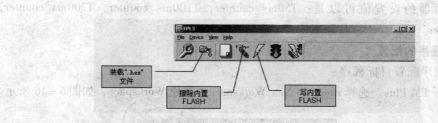

图 6 - 15　常用快捷键

如果操作成功会显示编程操作的进度和报告结果。

如果操作不成功，请检查串口是否设置正确、PC 和闪存编程器的串行通讯波特率是否一致（115200bps）、参数文件设置是否正确（选择 78F0500. prm）、设置的时钟频率是否和编程器上的时钟频率相同、跳线是否全部短接、是否在启动 FPL - 3 之前给目标板加电等操作。

6.4 程序开发

6.4.1 开发工具的准备

程序开发和写入所需要的工具和文件：
- 项目管理器：PMplus（Ver. 5. 20）（在 ra78k0_w370_e. exe 中）
- 汇编包：RA78K0（Ver. 3. 70）（在 ra78k0_w370_e. exe 中）
- C 编译器：CC78K0（Ver. 3. 60）（cc78k0_w360_e. exe 中）
- 系统仿真器：78K0 用 SM +（Ver. 1. 01）（在 sm + for78k0_Kx2_w101_e. exe 中）
- 设备文件：DF050030. 78K（在 df780547_v210. exe 中）
- 参数文件：78F0500. prm（在 prm78f0547_v104. exe 中）

注意：开发工具安装目录的文件夹名不可以超过 2 个字节。

6.4.2 编程

1. 编写源程序

可以使用 PM Plus 的编辑器或者 UltraEdit 等其他编辑工具修改源程序。快速掌握程序开发的要领。

例如编写一个控制 LED 点灯的程序，设计 6 种点灯模式，可以使用一个定时器定时，用来控制每种模式的定时器的设置值来控制 LED 点灭的时间。

这些定时器的设置值可以是：T50ms_counter，T100ms_counter，T200ms_counter，T500ms_counter。

2. 目标程序的配置

按下列顺序配置目标程序：

（1）打开 PM Plus。选择 files - > New Workspace，新建 Workspace，如图 6 - 16 所示。

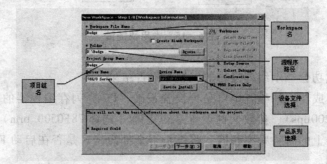

图 6 - 16　在 PM PLUS 中新建 workspace

注：图中"设备文件的选择"一栏中如果没有可选择的设备文件，请操作下列安装：

- 解压" df780547_v210. exe"，解压后的文件存放在文件夹名为 df780547_v210 中；
- 在上图中点击"Device Install"或者选择"开始"－>"程序"－>"NEC Tools32"－>"Devicefile Installer"，根据向导安装 df780547_v210 文件夹中的设备文件。

（2）点击上述对话框中的"下一步"，进入如图 6 - 17 所示画面，用"Add"按钮加入源程序文件。

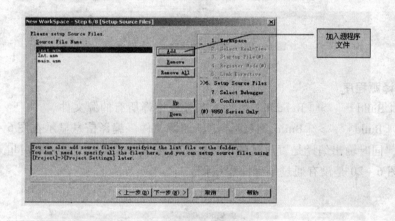

图 6 - 17　加入源文件

（3）点击上述对话框中的"下一步"，进入如图 6 - 18 所示画面，为您的项目设置调试器（如这里选择 SM + 作为系统仿真器）。

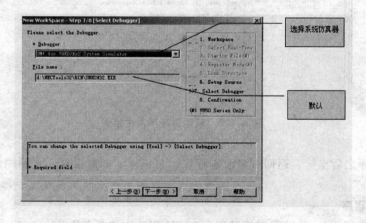

图 6 - 18　设置系统仿真器

（4）点击上述对话框中的"下一步"，进入如图 6 - 19 所示画面，点击"完成"按钮完成项目的配置。

图 6 - 19　新建 **workspace** 完成画面

3. 编译源程序

使用 ［Build］ - > ［Rebuild］可以无条件地编译所有的源文件。

使用 ［Build］ - > ［Build］只编译更新的源文件。编译信息显示在图 6 - 20 所示的输出窗口，同时输出编译是否通过的消息。要停止无条件编译选择 ［Build］ - > ［Stop Build］（图 6 - 20 是没有通过编译的程序例）。

图 6 - 20　编译源程序发生错误

如果编译之后出错，返回去修改源程序，再编译，如此反复，直到编译成功，如图 6 - 21 所示。

4. 调试程序

以下是使用 SM + 调试程序的过程。在 PM Plus 中选择 ［Build］ - > ［Debug］启动默认的系统仿真器 SM + ，如图 6 - 22 所示。

在上述对话框中点击"OK"显示如图 6 - 23 所示画面，在下述对话框中选择"是 (Y)"开始下载模块文件（. lmf）。

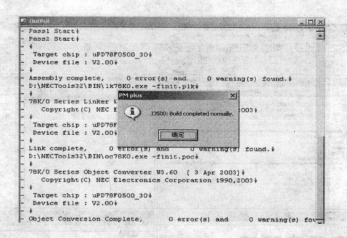

图 6 – 21 编译源程序成功

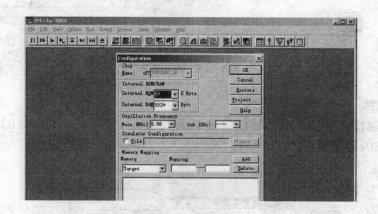

图 6 – 22 使用 SM + 调试时的基本设置

图 6 – 23 下载程序模块文件

　　然后，即可以开始调试工作，例如设置一个 I/O Panel，一个 Watch，一个 Timing chart 等。下面以这三种模式为例描述目标程序的调试过程。更深入地了解和学习SM + 的使用，可以从瑞萨电子官方网站下载中文的用户指南。图 6 – 24 是已经设置好的调试窗口和源程序窗口图。

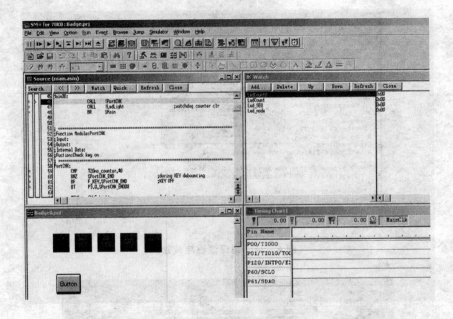

图 6 – 24   调试结果

（1）设置［I/O Panel］。

使用上述按钮用拖放的方式构建 I/O Panel（放入一个按钮和 5 个 LED），然后分别为按钮和 LEDs 设置属性。

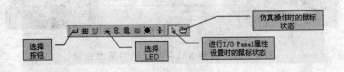

图 6 – 25   I/O Panel 设置快捷键

在"button"上双击为按钮设置属性，在"LEDs"上双击为"LEDs"设置属性。

"Button"属性设置：

图 6 – 26   "Button"属性设置

"LEDs"属性设置：

图 6 - 27　"LEDs" 属性设置

（2）设置［Timing Chart］窗口。

图 6 - 28　时序设置快捷键

用上述按钮设置，要在［Timing chart］中观察引脚，如图 6 - 29 所示。

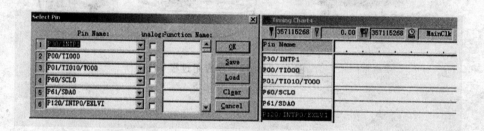

图 6 - 29　时序图

（3）设置［Watch］窗口。选择［Browse］ - >［Watch］，打开一个［Watch］窗口，使用"Add"按钮可以在窗口中加入要观察的变量。

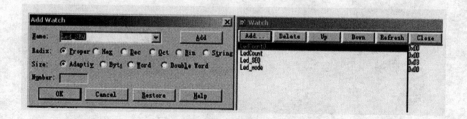

图 6 - 30　观察变量

使用［Run］ - >［Go］（或者使用快捷键）运行目标程序，即可观察到程序运行的仿真结果。

5. 将程序写入到 78K0/KB2

将程序写入到内置的闪存，请参照上述"编程器应用"中的"写目标程序"。整体的步骤如图 6－31 所示。

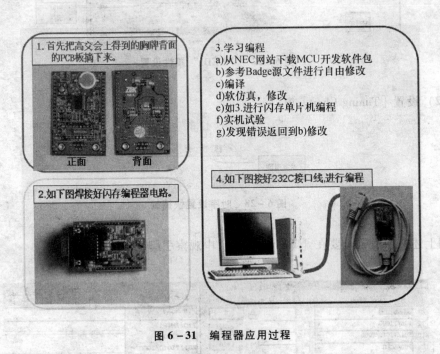

图 6－31　编程器应用过程